[2015年改訂対応] やさしい

ISO 14001 (JIS Q 14001) 環境マネジメントシステム入門

吉田　敬史　著

はじめに

世界のどのような地域，業種及び規模の組織にも適用できる，環境マネジメントシステムに関する国際規格 ISO 14001 は，1996 年に初版が発行され，2004 年の小改訂を経て，2015 年に実質的には初めての全面的かつ抜本的な改訂版が発行されました．2015 年改訂が大改訂となった背景には，世界的な環境問題のますますの深刻化があります．いままで経験したことのないような集中豪雨や巨大台風の発生などが世界各地で見られるようになる中，企業をはじめとしたあらゆる組織が今後とも活動を持続的に継続していくためには，環境問題への取組みをさらに強力に進めていく必要があります．

この本は，まだ ISO 14001 のことにあまり詳しくない人が疑問に思うような点に答えるものとして，あるいは既に ISO 14001 のことを知っている人がその知識を整理する際の参考として活用いただくことを想定して書かれています．本書の初版は，ISO 14001 の初版（1996 年版）を対象として 2003 年に“やさしいシリーズ 2　ISO 14000 入門”の書名で出版され，その後 2004 年の規格改訂に対応した改訂版が 2005 年に，さらに書籍内の情報を更新した改訂第 2 版が 2010 年に発行されました．

ISO 14001 はこのたび 2015 年 9 月に 11 年ぶりの規格改訂が行われたことから，この 2015 年改訂の重要性を速やかに，かつ多くの人々に知っていただくために，本書もいち早く改訂版を発行することとしました．また，今回の改訂対応にあたり，本書で解説する内容をより明確に示すため，書名を新たに“2015 年改訂対応　やさしい ISO 14001（JIS Q 14001）環境マネジメントシステム入門”としています．

第 1 章は，Q&A 方式で疑問に答える形で説明しています．第 2 章以降はもう少し踏み込んだ詳しい説明となっており，各章を単独で読んでいただいて結構ですが，第 1 章の Q&A における回答を補完する形にもなっています．

本書が少しでも皆様のお役に立ち，環境マネジメントシステムがますます有効な仕組みとして活用されるようになることを願うとともに，この 2015 年改訂対応版の出版にあたりご尽力頂いた一般財団法人日本規格協会出版事業グループ編集制作チームの室谷誠さんと関根千鶴さん，国際規格開発グループマネジメント規格チームの高井玉歩さんはじめ，関係各位に対し，厚くお礼を申し上げます．

2015 年 11 月

吉田　敬史

目　　次

第1章　ISO 14001 を知るための 20 の Q&A

Q1　ISO 14001 は何について規定している規格のことでしょうか？

A1　ISO 14001 は，企業などの組織の環境マネジメントに必要な基本的な仕組み（プロセス）や活動を要素に分けるとともに，それらの要素が備えるべき内容について規定しています．その仕組みを通して，組織が，環境に有害な影響を与えるものを減らしたり，逆に環境に有益な影響を与えるものについてはそれを増大したりする環境マネジメントの活動を進め，その結果を評価することで，仕組みや活動の内容を継続的に改善することが求められています．

企業などの組織が，この規格の規定事項に合致する環境マネジメントシステムを構築するかどうかは強制ではありません．取引先から認証を求められた場合は別として，基本的にその組織の判断に任せられています．

ISO 14001 は第三者認証の対象規格なので，ISO 14001 の認証を取得したと公表すれば，外部関係者に対して，その組織の環境マネジメントが国際的な基準を満たしたものであることを証明できることになります．

（詳しくは Q4 及び Q5，並びに本書第 3 章を参照）

Q2　環境マネジメントシステムとは？マネジメントシステムとは？

A2　大きな会社，特に製造業では，公害防止が企業の責任として認識されるようになった 1970 年代から環境管理を専門に担う部署が設置されるようになりました．公害防止に関する管理を行うとともに，関係する行政（地方自治体など）への報告などの対応あるいは新たな規制への対応を準備する活動を行ってきました．例えば，製造業の工場では大気への汚染物質の排出や河川などへの排水が規制値内に収まるように管理したり，流通業関係者でも廃棄物発生防止のためにいろいろな工夫をしたりしてきました．

環境マネジメントシステムとは，それらの活動を，もっと広く，組織の経営管理にかかわる仕組みや活動の中に取り入れたものといえます．そこでは，経営者の方針に基づき環境への負荷を減らす活動の目標を定め，活動のプロセスを確立し，必要な文書の管理や記録の作成などを基礎にして，活動計画の策定，計画した活動の実施，活動状況の確認，経営者による結果のレビューなどを通じて，環境に関する改善活動を継続的に進めていくものです．

計画（Plan），実施（Do），確認（Check），その結果のレビューに基づく改善活動（Act）という一連の活動は，PDCAサイクルと呼ばれます．

マネジメントシステムとは，ある課題に対してPDCAサイクルを適用して，その課題を確実に解決していく仕組みを意味しているといってよいでしょう．（詳しくは本書第3章を参照）

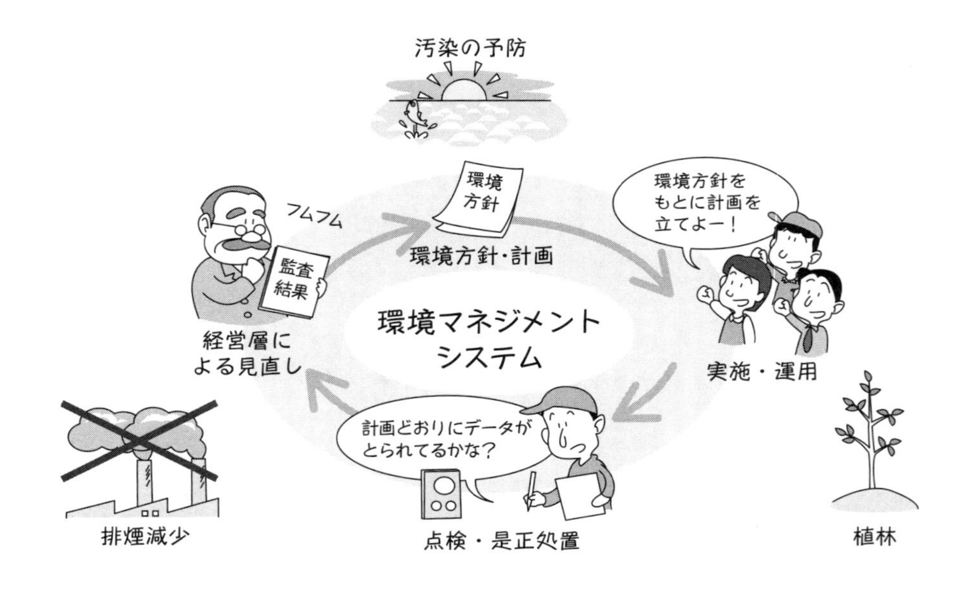

ISO 14001 や ISO 14000 ファミリー[*1] は，なぜ世に出てきたのでしょうか？

A3　地球温暖化の問題など，地球環境問題といわれるものは，国境を越え，地球規模での対応が必要なものが多く，国際的な環境対策を行う必要があります．この問題について“国際条約や国内法規制が整備されるのを待つのではなく，企業などの組織が自主的に対応するべきである”との声が国際的に高まり，これらの声を背景に，国際標準化機関である ISO（International Organization for Standardization：国際標準化機構）の中で，対応の検討が進められた結果，1993 年に環境マネジメントに関する規格を策定する専門委員会（ISO/TC 207，以降 TC 207 と記します）が設置され，ISO 14001 などの ISO 14000 ファミリーの規格ができました．

TC 207 では，この環境マネジメントシステムを中心として，これをさらに有効に機能させるための規格を作成しています．それらを ISO 14000 ファミリーと呼び，環境監査，環境ラベル，環境パフォーマンス評価，ライフサイクルアセスメント，温室効果ガス関係などの規格を含んでいます．この中には，ISO 14004 といった環境マネジメントシステム構築の参考になる規格などもあります．ただし，この ISO 14004 は認証取得の際の基準として使うものではありません．

（詳しくは本書第 2 章及び参考 1 及び 2 を参照）

[*1] ISO/TC 207 で作成されている規格には，いずれも 14000 番台の規格番号が使用されているため，これら一連の規格群を当初は“ISO 14000 シリーズ”，“ISO 14000 ファミリー”などと呼んでいましたが，最近では“14000 ファミリー”と呼ぶことが一般的になりました．よって，本書では ISO での呼び方にならい，“ISO 14000 ファミリー”という呼称を用います．これは JIS に関しても同様で，JIS は“JIS Q 14000 ファミリー”と呼ばれています．

認証とは何のことでしょうか？

A4 認証とは，“製品，プロセス，システム又は要員に関する第三者証明”[1)]と定義されており，“審査登録”ということもあります．

第三者証明とは，その組織の活動や製品の売買等の利害に関係しない，独立した中立の立場の機関又は人（これを第三者と呼びます）が，規格に規定されている要求事項を満たしていることを実証し，表明することです．ちなみに，第一者とは，製品やサービスを提供する人又は組織を指します．また，第二者とは，組織の，例えば製品の買い手（取引先）のような直接的な利害関係を有する人又は組織を指します．

環境マネジメントシステムを含めマネジメントシステムの認証については，①規格の要求事項（例えばISO 14001の規定事項）に適合しているだけでなく，②組織が明示した方針及び目標（ISO 14001では環境方針及び環境目標）に適合しており，さらに③有効に実施されている（ISO 14001では，環境マネジメントシステムが実際に運用され，結果を出している）というところまで第三者が確認し，実証することとされています．

すなわち，規格の要求事項に合致した文書類が整備されていても，実際の活動が方針や目標の達成が可能となるように進められており，その成果が確かにあらわれてきている，というところまで確認できなければ認証は与えられません．（詳しくは本書3.4節を参照）

“ISO 14001 認証取得”や“ISO 14000 認証取得”とは何のことでしょうか？

A5　新聞記事，ビルの壁広告，ビル建設工事現場の看板，テレビの CM などで，“ISO 14001 認証取得”又は“ISO 14000 認証取得”という表現を見たり聞いたりすることがあります．これは，“組織の環境マネジメントに関する仕組みや活動について第三者機関による審査を受け，それらが ISO 14001 という規格に規定されている基準に適合し，実際に有効に実施されていることを認められて，認証（審査登録）機関の登録簿に登録された”ことを意味しています．

規格は ISO 14001 であり，ISO 14000 という規格はありませんので，本来“ISO 14000 認証取得”という表現は正しくありません．しかし，14000 番台の ISO 規格の中で認証に使用される規格は ISO 14001 しかありませんので，事実上特に混乱はないようです．

（ISO 14000 ファミリーの規格一覧は，本書参考 2 を参照）

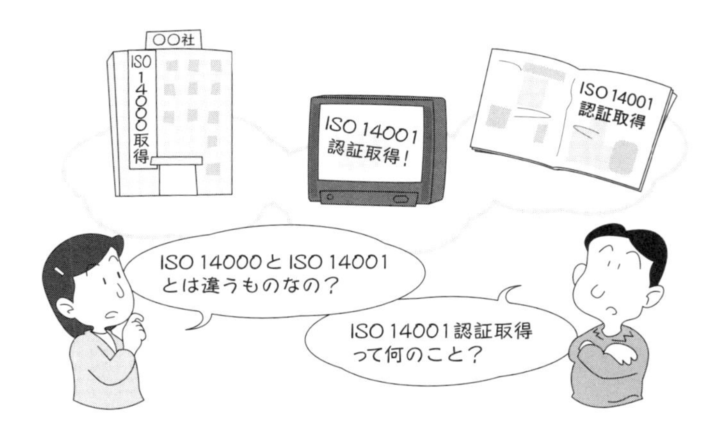

ISO 14001 の認証は，事業所ごとに取得しなければならないのですか？企業全体で認証取得することができますか？

A6　認証の対象となる環境マネジメントシステムの適用範囲は，企業全体でも，企業の一部である事業所でも構いません．多国籍企業では，国内外の子会社なども含めた企業グループとして一括した認証を取得している事例もあります．

事業所など，企業の一部に対して環境マネジメントシステムを適用し，認証を取得する場合，その事業所の最高責任者（事業所長など）は環境方針を設定する権限があり，環境マネジメントシステムを運用するための予算や人員を確保できるといった，“組織”とみなされる機能を有していることが必要です．また，大きな環境負荷を与える活動や部門などを意図的に除外して適用範囲を設定することは社会的に許容されないでしょう．

なぜ JIS ではなくて ISO なのでしょうか？

A7　ISO 14001 を翻訳して，JIS という名称でおなじみの日本工業規格とした JIS Q 14001“環境マネジメントシステム―要求事項及び利用の手引”という規格があります．JIS Q 14001 は，ISO 14001 と全く同一の内容の規格として国際的にも認められています．

日本では，ほとんどの場合，組織は JIS Q 14001 を基準として適用し，審査が行われています．事実，“JIS Q 14001 認証”という表現があります．しかし，規格検討段階で ISO 14001 という表現が多くの人に知られたことと，地球環境問題を扱った国際的に注目されている規格であることから，海外の人

にもわかりやすいように国際規格（ISO）の表現を用いることが多いのです.
（詳しくは本書 2.1 節を参照）

Q8 ISO 14001 の認証を取得すると，何の役に立つのでしょうか？

A8 ISO 14001 の認証を取得した組織は，少なくとも ISO 14001 に規定されている内容をすべて満たした環境マネジメントシステムをその組織が確立し実施している，として公表することができるので，関係者の評価を受けることが可能になります.

正式な（認定された）認証機関による認証を取得していれば，海外でもほとんどの国で国内と同様に評価されます. 環境に対する取組みが優れているとして国内で高い評価を得ている企業でも，海外では知られていない場合も多いでしょう. そのような場合でも ISO 14001 の認証を取得していれば，環境に対する取組みに対して信用を得やすくなります.
（認定については，本書 3.4 節を参照）

ISO 14001 の認証を取得した企業は，環境保全に関して何をやっているのでしょうか？

A9　ISO 14001 の認証を取得した企業などの組織は，ISO 14001 の規定に沿って“環境方針”を定め，組織の活動や製品・サービスが環境に与える影響を管理し，適用される環境関連の法令を順守するとともに，自主的に設定した“環境目標”を達成するための活動も行っています．多くの組織では，毎年，環境目標の見直しなど，環境マネジメントシステムの改善を継続的に行っています．

なお，ISO 14001 の規定によって，その組織の“環境方針”は組織外の人も入手することができることになっています．

（詳しくは本書第 3 章を参照）

ISO 14001 は法規制との関係はありますか？

A10　ISO 14001 はあくまで自主的な取組みであり，法規制で要求されるものではありません．

ISO 14001 では，組織の活動や製品及びサービスに適用される環境関連の法規制を自ら明らかにして，それらの規制にどのように対応するか決定し実行することを求めています．さらに，組織は定期的に法規制への適合の状況を自ら評価し，問題があれば是正することが求められます．このように，ISO 14001 は環境法令の順守を確実に実行するうえでも役立つ仕組みですが，法規制の順守にとどまらず，法規制以上の自主的な取組みを促す仕組みであることを忘れてはなりません．国や地方自治体などにとっても，ISO 14001 の認証を取得した組織は，その他の組織に比べて法令順守という面からもより信用できることから，公共事業への入札で優遇する制度を導入するといった事例もみられます．

ISO 14001 を取得すれば，本当に環境改善になるのでしょうか？

A11　環境省が平成 3 年度より継続して実施している“環境にやさしい企業行動調査”の平成 24 年度報告書によると，ISO 14001 の認証を取得した企業の割合は，上場企業で 84.8%，非上場企業で 53.9%に達しています．

認証取得済みの企業に対して具体的な効果について質問した結果，81.4%の企業が“環境負荷が低減した”と回答しています．環境改善の度合いは企業ごとに異なると思われますが，自主的に環境報告書（CSR 報告書などを含む）を発行している企業も 44.3%に達しており，特に売上高 1000 億円以上の企業では 8 割以上の企業が環境報告書を作成し，環境改善のデータを公開しています．こうしたデータを見れば，ISO 14001 の認証取得は環境改善に貢献しているといえるでしょう．

ちなみに ISO 14001 認証取得の効果として最も多くの企業が回答した内容は“社員の環境への意識向上”で，認証取得企業の 91.8%がこのように回答しています．社員の環境に対する意識向上は，企業活動の様々な場面での環境負荷低減につながっているものと考えられます．

ISO 14001認証取得及びその維持のために必要なことは何でしょうか？

A12　認証取得及びその維持のために，組織は，規格の要求事項を自分の組織の仕組みや活動にあてはめ，自ら設定した環境方針や環境目標の達成に向けて活動を実行します．新たな事業分野への進出や新製品の開発など，組織の活動や製品及びサービスに変化があれば，環境マネジメントシステムも変化に対応した形に見直さなければなりません．

環境マネジメントシステムの運用で問題点が発見されれば是正し，常により効果的かつ効率的に活動が進められるよう，改善を継続的に進めることが求められます．

認証のための審査は，多くの場合，数名の審査員が組織を訪れ，平均して数日かけて行います．審査として，文書審査と現地審査とが行われ，ISO 14001の要求事項を満足する仕組みがあるか，活動がなされているか，あるいはなされるようになっているかどうかが調べられます．審査は大抵の場合，最初にその組織の事業活動や製品及びサービスの内容を確認し，それらにふさわしい環境方針と環境目標を設定したうえで環境マネジメントが行われているかを確認することから始まります．そして環境方針と環境目標の達成に向けた仕組みになっているか，その仕組みに従って実際に活動が実行され，結果が出ている又は出るように進んでいるかどうかが確認されます．

最後に，審査活動を通じて見つけられた内容の確認が行われて審査は終わります．重要な点について要求事項と実際の状態とが異なる場合には，認証取得は困難です．そのような問題のない場合や，短期間で修正可能な問題のみであれば，その状態を修正したうえで認証を取得することができます．

実際の認証取得は，審査員の報告について，認証（審査登録）機関内で，その組織を審査した審査員以外のメンバーが構成する判定委員会での審議を経て決定します．審査及び登録費用は，組織の大きさや環境負荷の大きさなどによって変わってきます．

（詳しくは本書 3.4 節を参照）

Q13 ISO 14001 を導入すれば企業にとっての環境対策は万全といえるのでしょうか？

A13 ISO 14001 の導入によって企業の環境対策が万全になるとはいえません．現代の企業の環境対策は，仮に環境法規制をすべて満たしていたとしても“万全である”とはいえないでしょう．近年多発するようになったゲリラ豪雨や巨大な台風の発生は地球温暖化が進んでいることと密接に関係しているといわれており，食料や金属資源なども世界的に不足する傾向にあるなど，世界的に環境問題がますます深刻化していることを一般市民も肌で感じるようになっています．このような背景から，企業には環境法令の順守にとどまらず，自主的な環境への取組みを強化することが社会的に求められるようになっています．こうした社会のニーズに応えられない企業は社会的評価を得られず，徐々に競争力を失っていくでしょう．

ISO 14001は，こうした社会的ニーズとその変化を認識して自主的な環境活動を進める仕組みですから，そうした仕組みをもたない企業に比べれば有利な立場に立つことができます．ISO 14001を活用し，常に万全な環境対策を目指して継続的な改善活動を進めることが期待されています．

組織の事業内容，規模などによって環境負荷[*2]が異なる場合でもISO 14001は効果的に機能するのでしょうか？

A14　確かに，組織の業種や規模によって組織の活動そのものの環境負荷は違います．例えば中小企業でも有害物質を扱っていれば環境負荷は大きく，大企業でもオフィスワークだけのところは環境負荷は小さいという場合もあるでしょう．しかし，環境負荷は組織自身が行っている活動によって生じるものだけではなく，組織が購入する原材料の製造段階や，組織の製品を輸送・販売し，お客様が使用し，最終的に廃棄するまでの各段階で発生する環境負荷もあります．組織の外で発生するこのような環境負荷は，もちろん組織が直接管理することはできません．しかし，原材料の取引先に対しては少しでも環境負荷の低いものを優先的に購入するような取決めを行ったり，出荷する製品の輸送会社に効率的な輸送方法への切替えを要請することや，お客様や廃棄物処理の段階で発生する環境負荷を低減できるような設計を行うことで，間接的に環境負荷

[*2] 例えば，環境資源をどれだけ用いて製品Aが作られたか（環境からの入力），また，その製品Aを製造，使用することで環境に対してどれだけ影響を与えるか（環境への出力）というように“環境へ与える影響”のことを“環境負荷”といいます．

を下げることに貢献することも可能です．

ISO 14001では，直接管理できる環境負荷だけではなく，“影響を及ぼすことができる”環境負荷についても検討し，可能な行動をとることが求められています．このような視点で環境負荷を考えることで，ISO 14001認証取得組織が相互に関係をもち，社会全体として環境負荷を下げることが期待されます．

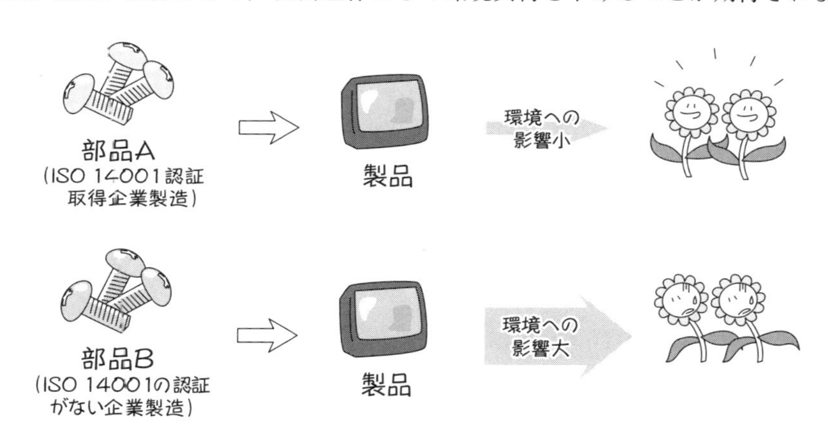

Q15 取引上の要求でISO 14001の認証を取得したような中小企業には，コスト増に見合ったメリットはあるのでしょうか？

A15　多くの場合，マネジメントシステムを新たに導入するということは，管理レベルを上げることにつながり，Q11への回答の中で示したように，“社員の環境への意識向上”にもつながっていきます．

ISO 14001の認証取得による効果は，組織のISO 14001の仕組みの活用の仕方によって大きく変わります．認証取得はゴールではなく，“ISO 14001導入による管理レベルの向上”や“社員の環境への意識向上”を維持し，継続的に改善するという姿勢を保ち続けることが大切です．

コスト増に見合ったメリットは，何もしなくとも得られるといったものではなく，メリットを出し続けるように常に新鮮な目で改善できる課題を探し，改善を進めていくことで得られるものです．一番重要なことは，経営者や管理者の方々がこうした姿勢を維持して常に従業員を励まし，リードしていくことが必要です．

ISO 14001:2004 と ISO 14001:2015[*3] の主な違いは何でしょうか？

A16　一言でいえば，従来の 14001 は企業の運用（操業）レベルで環境マネジメントをしっかりと実行することを主眼としていましたが，2015 年改訂版では，より大局的に，経営戦略的なレベルから環境問題に取り組むように要求事項が拡充されたことでしょう．経営的な視点から対処すべき環境に関する課題を理解し，環境問題に関連する有害なリスク（脅威）を減らし，有益な機会を探求する活動を環境マネジメントシステムの活動に組み込むことが要求されています．このために，従来以上に経営層の積極的な関与と指導力が求められます．

そして，環境マネジメントシステムの仕組みが整っていることだけでなく，

---

*3　ISO 14001:2015 は，ISO 14001 の 2015 年版であることを示しています．すべての ISO 規格及び JIS 規格では，規格番号の後に“:NNNN”という形式で 発行年が表示されています．したがって，ISO 14001:2004 とは改訂前の 2004 年版の ISO 14001 を指しており，本書でも以降このような形式で規格番号と発行年を示します．

環境負荷の低減（規格では環境パフォーマンス[*4]の向上と表現しています）が実際に成果として得られているかという，“結果重視”の考え方が従来以上に強調されています．

（詳しくは本書第3章を参照）

ISO 14001:2015とマネジメントシステム規格（MSS）共通要素との関係を教えてください．

A17　2004年まではISOのマネジメントシステム規格（ISO/MSS）は，ISO 14001（環境マネジメントシステム）とISO 9001（品質マネジメントシステム）の二つだけでした．ところが，2005年にISO 22000（食品安全マネジメントシステム）とISO/IEC 27001（情報セキュリティマネジメントシステム）が開発され，その後もISO 50001（エネルギーマネジメントシステム）など多様な分野にMSSが拡大しました．

こうした状況から，分野ごとのISO/MSSの間で細かな違いをなくし，規格を適用する組織が複数のMSSを効率的に導入できるようにする必要性が高まってきました．このため，環境や品質など，MSSの分野ごとの専門委員会の代表者が集まり，2011年にMSS共通要素[*5]が定められました．MSS共通要素は，2012年からすべてのMSSの策定や改訂で適用することが義務付けられています．

ISO 14001:2015もMSS共通要素を採用し，それに環境マネジメントシステム固有の内容を追加する形で策定されています．MSS共通要素の部分は，

[*4] 環境パフォーマンスとは，“環境マネジメントの結果”のことをいいます．例えば，環境目標として“排煙中の汚染物質の減少”を掲げたならば，その実績（計測結果）のことです．

[*5] このMSS共通要素は，2011年の策定後，2012年から国際規格作成のルールブック的存在であるISO/IEC Directives（専門業務用指針）のISO Supplement（補足指針）附属書SL（規定）“マネジメントシステム規格の提案”内に盛り込まれていることから，“附属書SL”といった表現でMSS共通要素を指す場合なども見受けられますが，本書では以降も“MSS共通要素”という用語を用いて説明します．

よほどの理由がない限り変更することは許されていませんので，今後はどのようなMSSも基本部分は同じ要求事項となるため，複数のMSSの導入が従来よりスムーズにできるようになるでしょう．
（詳しくは本書第3章を参照）

ISO 14001:2015におけるリスクの考え方について教えてください．

A18 “リスク”という言葉は分野によって異なる意味で使われています．例えば電気器具や機械類の安全を扱う分野では，“怪我や事故につながる可能性”といった意味で理解されるでしょう．その一方で，投資会社などでは，株価などの変動の“不確かさとその影響の大きさ”という意味で理解され，“ハイリスク・ハイリターン（リスクは大きいが，うまく行けば得るものも大きい）”というような表現が使われます．

ISO 14001:2015では，“リスク”という用語は単独で使用されることはなく，常に“リスク及び機会”という表現で使用されています．そして，“リスク及び機会”とは，“潜在的で有害な影響（脅威）及び潜在的で有益な影響（機会）”[2)]と定義されています．したがって，実務上は“リスク”は，組織にとって有害な（好ましくない）影響を与える可能性があること（すなわち脅威となるもの）という意味で理解してよいでしょう．

企業活動やその製品及びサービスが環境に与える影響のほか，環境に関する法規制，取引先やお客様など組織の利害関係者の期待やニーズとその変化などは，組織に対して好ましくない影響を与える可能性があり，“リスク”の発生源として考慮することが求められています．
（詳しくは本書第3章を参照）

ISO 9001とは何が違うのでしょうか？

A19 ISO 14001は環境マネジメントシステムの認証に用いる基準を規定し

た国際規格です．一方，ISO 9001 は品質マネジメントシステムの認証に用いる基準を規定した国際規格です．両者とも，マネジメントシステムと呼ばれる，組織の経営運用にかかわる仕組みや活動について規定しています．

しかし，ISO 9001 のほうは，もともと製品やサービスの品質保証のために作成された規格なので，お客様の要求を満たした製品又はサービスを，常に安定して提供できるように，また，原材料の調達から，設計，生産，出荷といった企業内のプロセスが連続して，目標とする品質を実現できるように，決められたルールどおりに業務を進めていく仕組みが細かく規定されています．ISO 9001 の目指すものは，お客様の満足（顧客満足）です．

これに対し，ISO 14001 は社会全般の様々な利害関係者が期待する環境への配慮に照らして，企業が適切と考える環境への配慮を，自らの活動や製品及びサービスに織り込んでいくための仕組みであり，この規格が目指すところは ISO 9001 の観点より広い“利害関係者の満足”といえるでしょう．

ISO 14001 の認証と ISO 9001 の認証を合わせて（統合して）取得できますか？統合のメリットとデメリットがあれば教えてください．

A20　ISO 14001 の認証は，ISO 9001 の認証とあわせて（統合して）取得できますし，例えば食品安全マネジメントシステム（ISO 22000）など，その他のマネジメントシステム規格（MSS）とも統合して認証取得することができます．

Q17 で説明したように，2012 年から MSS 共通要素が適用されるようになったため，今後複数 MSS の統合は従来より容易になり，統合する事例は増えていくものと考えられます．複数の MSS を統合すれば，MSS 共通要素に関する審査は一括して行われるため，MSS ごとに何度も同じような審査を受ける必要がなくなるぶん企業や組織側の対応も楽になり，審査費用も安くなる可能性があります．

しかし，MSS 共通要素以外の，環境，品質，労働安全衛生など分野固有の要求事項については個別の対応が必要であり，分野ごとの専門知識が必要な部分は残ります．したがって，N 種類の MSS を統合すればコストが 1/N に減るかといえば，必ずしもそうではありません．企業側のスタッフでも認証機関の審査員でも，統合したすべての分野に精通した人は極めて少ないのが実情であり，もし仮にすべての分野に精通した人が得られたとしても，個々の分野に目配りしたり，監査したりする時間が少なくなってしまうこともあるでしょう．

また，ISO 14001 の導入でせっかく向上した従業員の環境に対する意識が，統合によって薄められてしまうといったマイナスの副作用が出る可能性もあります．複数の MSS の統合を検討する場合，このようなメリットとデメリットを十分考慮して進める必要があるでしょう．

第2章　ISO 14001って何だろう

2.1　ISO 14001の誕生

環境マネジメントシステム（EMS：Environmental Management System, 以降EMSと記します）の国際規格であるISO 14001は，産業界が中心になって，自ら必要不可欠な規格であるとの認識で開発したものです．国連や各国の政府機関などで策定されたものではありません．

かつての公害問題に対しては，特定の汚染源を法律によって規制することで有効に対応できました．ところが，現在の地球環境問題は，エネルギーや資源の利用が自然環境の許容限度を超えたことが主たる原因であり，世界中の消費者，すなわち一般市民の生活に深くかかわっています．製造業のみならず小売業，輸送や通信などのサービス業に至るまですべての企業の活動が，そして一般市民の消費活動も地球環境問題の原因になっています．

このような市民の生活のあり方まですべてを法律で規制することは不可能です．活力ある社会を維持するためにも，過度の規制を排除して自主的な環境配慮の取組みを進め，企業にとっても市民にとっても利益となるような仕組みを社会の中に組み込んで，“持続可能な社会”に移行していくのが最も望ましい姿です．

このような背景から，1992年，リオデジャネイロで開催された国連の地球サミットにおいて，世界の環境優良企業のフォーラムである持続可能な開発のための経済人会議（BCSD）が環境マネジメントのための国際規格の開発を提言しました．

その提言をISOが受ける形で，1993年に環境マネジメントのためのシステムやツールの国際標準を開発する専門委員会（TC：Technical Committee）として，ISO/TC 207が設置されました．TC 207の中の第一分科会（SC 1）が，EMSの規格開発を担当し，1996年にISO 14001の初版が発行されました．

2.2　ISO 14001改訂の経緯

すべてのISO規格は，社会や技術などの変化に対応して変わっていかなければなりません．そのため，規格を策定したり改訂したりした場合は，少なくとも5年以内に見直しを行って，改訂が必要か，そのまま継続してよいか，あるいはもはや規格として存続する必要がないとして廃止とするか，について加盟国投票を実施し，その規格を開発したTCが最終的に決定することが定められています．

ISO 14001は，ISO 9001が2000年に全面的に改訂されたため，規格発行後4年目の2000年に，1996年版のISO 14001の要求事項の明確化とISO 9001の2000年改訂版との整合性の向上の2点に目的を限定した小規模な改訂を行うことを決定しました．こうしてISO 14001の最初の改訂版（ISO 14001:2004）が2004年に発行されました．

次の定期見直しをどうするかについては2008年から審議が始まりましたが，第1章のQ17で説明したマネジメントシステム規格（MSS）の共通要素の開発がスタートしていたため，その完成を待ってから改訂することとしました．MSS共通要素の開発完了の目途がついた2011年に，TC 207/SC 1はISO 14001:2004をMSS共通要素を適用して全面的に改訂することを決定し，加盟国投票でも“反対なし”でこの改訂が承認されました．改訂作業は，2012年2月にスタートし，10回の作業会合を経て2015年9月にISO 14001:2015が発行されました．

2.3 ISO 14001 の規格構成

2.3.1 MSS 共通要素の概要とその適用

MSS 共通要素の目次を表 1 に示します.

表 1 MSS 共通要素の目次構成

序文	**7 支援**
1 適用範囲	7.1 資源
2 引用規格	7.2 力量
3 用語及び定義	7.3 認識
4 組織の状況	7.4 コミュニケーション
4.1 組織及びその状況の理解	7.5 文書化した情報
4.2 利害関係者のニーズ及び期待の理解	7.5.1 一般
4.3 XXX マネジメントシステムの適用範囲の決定	7.5.2 作成及び更新 7.5.3 文書化した情報の管理
4.4 XXX マネジメントシステム	**8 運用**
5 リーダーシップ	8.1 運用の計画及び管理
5.1 リーダーシップ及びコミットメント	**9 パフォーマンス評価**
5.2 方針	9.1 監視, 測定, 分析及び評価
5.3 組織の役割, 責任及び権限	9.2 内部監査
6 計画	9.3 マネジメントレビュー
6.1 リスク及び機会への取組み	**10 改善**
6.2 XXX 目的(又は目標)及びそれを達するための計画策定	10.1 不適合及び是正処置 10.2 継続的改善

※ XXX には, 環境, 品質, 情報セキュリティなど, MSS の個別適用分野名をあてはめる.

目次の中で, XXX と記されている部分は, EMS では“環境”, 品質マネジメントシステムでは“品質”というように, 分野ごとの名称をあてはめます.

序文から引用規格までは, いわゆる規定事項は何も示されておらず, 環境や品質など, それぞれの MSS がその分野に応じた内容を独自に記述します.

箇条3の用語及び定義では，21の用語が定義されており，これらの定義は個別規格にも共通するものとして記載されます．用語によっては，個別規格の必要性に応じてこの共通定義に注記が付加されたり，多少表現が変更される場合もあります．

箇条4から箇条10が共通要求事項の部分で，各箇条のタイトルや順番はよほどの理由がない限り変更できません．箇条4から箇条10のタイトルを見ると，箇条6が“計画”，箇条8が“運用”，箇条9が“パフォーマンス評価”，箇条10が“改善”とPDCAサイクル（本書第1章Q2を参照）に沿った流れを基本としています．

箇条4の“組織の状況”では，各マネジメントシステムを構築するにあたって考慮すべき，組織を取り巻く外部の課題や内部の課題，利害関係者とその期待やニーズを決定します．

箇条5の“リーダーシップ”は，トップマネジメント（最高経営層）に対する要求事項が集められています．トップマネジメントは，マネジメントシステムの構築と運用，維持，改善に関するリーダーシップの発揮とコミットメント（約束）について，規定される事項を確かに実行することを第三者に“実証する”こと，すなわち，証拠を示して説明できることが要求されます．

箇条6の“計画”では，箇条4で決定した事項を踏まえて，リスク及び機会の決定と，それに対する活動の計画が求められます．また，分野ごとの目標（ISO 14001では環境目標）の確立とその達成計画の策定が求められています．

箇条7の“支援”は，PDCAには分類できないものの，PDCAの運用を支援するために必須の要素として，資源，力量，認識，コミュニケーション，文書管理関係の要求事項がまとめて配置されています．

箇条8の“運用”では，規格の要求事項及びリスク及び機会に対応するためのプロセスの計画，実施や外部委託したプロセスの管理が要求されます．

箇条9の“パフォーマンス評価”では，監視，測定とその分析及び評価の方法や時期の決定と実施，内部監査並びにマネジメントレビューが要求されています．

箇条 10 の“改善”では，不適合及び是正処置について規定しており，従来各種の MSS で不適合及び是正処置とつなげて規定されていた予防処置の規定はありません．MSS 共通要素では，予防処置とは本来計画段階で考慮するものであり，不適合や是正処置とつなげて要求するべきものではないとして，箇条 6 の中で予防すべき事項の特定と対応計画の策定が規定されています．

2.3.2　ISO 14001:2015 の規格構成と概要

MSS 共通要素に基づいた ISO 14001:2015 の目次を p.32 の表 2 に示します．

ISO 14001:2015 の目次で下線なしの部分が MSS 共通要素で規定された箇条及び細分箇条，下線付きの部分が ISO 14001 固有に追加した細分箇条です．

MSS 共通要素で規定された箇条及び細分箇条の部分でも，共通の要求事項だけではなく，ISO 14001 固有の要求事項が追記されているところが多くあります．

ISO 14001:2015 の要求事項（箇条 4 から箇条 10）の具体的内容については，3.3 節で解説していますので参照してください．

2.4　ISO 14000 ファミリーの概要及び動向

2.4.1　ISO 14000 ファミリーの構成

ISO の TC 207 で作っている規格のことを総称して“ISO 14000 ファミリー”といいます．これは TC 207 で作成する規格の番号がすべて 14000 番台になるからです．

TC 207 が策定する規格については，p.33 に示すとおり“TC 207 の作業範囲”が決められており，TC 207 はこの範囲内で必要とされる規格を開発し，維持しています．

表2　ISO 14001:2015 の目次構成

序文	7.4　コミュニケーション
1.　適用範囲	7.4.1　一般
2.　引用規格	7.4.2　内部コミュニケーション
3.　用語及び定義	7.4.3　外部コミュニケーション
4.　組織の状況	7.5　文書化した情報
4.1　組織及びその状況の理解	7.5.1　一般
4.2　利害関係者のニーズ及び期待の理解	7.5.2　作成及び更新
	7.5.3　文書化した情報の管理
4.3　環境マネジメントシステムの適用範囲の決定	**8.　運用**
	8.1　運用の計画及び管理
4.4　環境マネジメントシステム	8.2　緊急事態への準備及び対応
5.　リーダーシップ	**9.　パフォーマンス評価**
5.1　リーダーシップ及びコミットメント	9.1　監視，測定，分析及び評価
	9.1.1　一般
5.2　環境方針	9.1.2　順守評価
5.3　組織の役割，責任及び権限	9.2　内部監査
6.　計画	9.2.1　一般
6.1　リスク及び機会への取組み	9.2.2　内部監査プログラム
6.1.1　一般	9.3　マネジメントレビュー
6.1.2　環境側面	**10.　改善**
6.1.3　順守義務	10.1　改善
6.1.4　取組みの計画策定	10.2　不適合及び是正処置
6.2　環境目標及びそれを達成するための計画策定	10.3　継続的改善
6.2.1　環境目標	
6.2.2　環境目標を達成するための取組みの計画策定	附属書A（参考）この規格の利用の手引
	附属書B（参考）ISO 14001:2015 と ISO 14001:2004 との対応
7.　支援	
7.1　資源	参考文献
7.2　力量	索引
7.3　認識	

注：下線部は ISO 14001:2015 固有の内容として追加した項目

TC 207 の作業範囲

持続可能な発展を支援する環境管理システム及びツールの分野の標準化.

除外事項：汚染物質の試験方法，環境パフォーマンスの制限値及び制限水準の設定，並びに製品規格

備考：環境マネジメントを扱うこの TC は，環境システム及び監査に関して ISO/TC 176（品質管理及び品質保証）と密に連携協力する.

TC 207 のもとには，次ページの表 3 に示すように，大きなテーマごとに分科委員会（SC：Sub-Committee）が設置されています．これらの SC のいずれにも該当しない分野で規格開発が必要になると，TC 直下に作業グループ（WG：Working Group）を設置して対応しています．SC は常設の組織ですが，WG は所定の規格開発を終えると解散されます．TC 207 ではこれまでに 10 の WG が設置されましたが，2015 年 10 月時点で活動中の WG は三つ（WG 8, 9, 10）だけです.

各 SC や WG で作成された，又は開発中の ISO 14000 ファミリー規格の一覧表を本書巻末の参考 2 に示します．次の 2.4.2 項で説明する各規格の名称等はこの参考 2 を参照してください.

2.4.2　ISO 14000 ファミリー規格の概要及び作業状況

(1)　SC 1：環境マネジメントシステム（EMS）

SC 1 では，EMS に関する次の四つの規格を発行しています.

①　ISO 14001

EMS の要求事項を定めた規格で，TC 207 の中で唯一認証に使用される規格です．この規格の開発のねらいや内容については本章（2.1 節から 2.3 節）で述べてきましたが，要求事項の詳細については第 3 章（3.3 節）を参照してください.

表3　ISO/TC 207（環境管理）の委員会構成

（2015年10月現在）

TC[※1]	SC及びWG	幹事国[※2]	国内審議団体[※3]
207	環境マネジメント	カナダ	(一財) 日本規格協会
	SC 1：環境マネジメントシステム	イギリス	
	SC 2：環境監査及び関連環境調査	オランダ	
	SC 3：環境ラベル	オーストラリア	(一社) 産業環境管理協会
	SC 4：環境パフォーマンス評価	アメリカ	
	SC 5：ライフサイクルアセスメント	フランス	
	TCG（旧SC 6）[※4]：用語の調整	ノルウェー	(一財) 日本規格協会
	SC 7：温室効果ガスマネジメント及び関連活動	カナダ	(一社) 産業環境管理協会
	WG 8：マテリアルフローコスト会計	日本	(一財) 日本規格協会
	WG 9：土地劣化及び砂漠化防止	ブラジル	(一財) 日本規格協会
	WG 10：環境配慮設計 (ISO/IEC共同開発グループに対するISO/TC 207側の検討グループ)	スウェーデン IEC/JWGは日本	

※1　TCはテーマごとのSC（分科委員会）と，TC直属のWG（作業グループ）から構成されています．SCは常設の組織ですが，WGは規格開発が完了すると解散される一過性の組織です．

※2　TC，SC，WGの幹事国（各事務局）はISOメンバー国の中からのボランティアによる意思表示とISOの会員団体による承認によって決定されます．
SCでも，実際の作業は開発する規格のテーマごとにSC直属の作業グループ（WG）を設置して行います．SC直属のWGも議長及び事務局は同様のプロセスで決定され，TC直属のWGと同様に担当する規格開発が完了すると解散されます．
なお，TC，SC及びWGへはISO会員団体である各国が任命した者が委員として参加します．

※3　日本ではSC及びWGごとに対応した活動が行えるよう，国内審議団体（注：当該TC/SCなどの国内対応を検討する際，また，国内で規格作成を行う際に事務局を担当する団体のこと）を二つの組織に割り振っています．

※4　SC 6は2002年に解散され，TCG（用語調整グループ）に変わりました．

②　ISO 14004

この規格は，EMS 構築のための指針を記載しています．ISO 14004 は 1996 年に ISO 14001 と同時に開発され，その後の改訂も ISO 14001 と合わせて実施されてきました．2016 年初め頃に改訂される予定です．

ISO 14004 は，ISO 14001 が規定する EMS を適用する場合に参考となる情報や，改善する場合の参考情報などを提供していますが，これらはあくまで例示であり，要求事項ではありません．ISO 14004 は ISO 14001 とは完全に独立した規格ですので，ISO 14001 の認証審査には一切関係ありません．

③　ISO 14005

この規格は，EMS を初めて導入する場合に一挙に作り上げることが困難な組織のために，ステップ・バイ・ステップ，すなわち段階的に適用する道筋を提示した指針です．主に中小企業での利用を想定して策定されました．この規格も ISO 14001 とは完全に独立した規格で，認証とも無関係です．

2010 年に発行された現行の規格は，ISO 14001:2004 に基づいて作成されており，ISO 14001:2015 への改訂に伴って本規格についても改訂が必要かどうか検討中です．

④　ISO 14006

EMS を利用して，環境に配慮した製品の設計を進めるための指針です．ISO 14001:2004 の目次に沿って，EMS を製品設計に適用する場合の追加情報を提供するとともに，環境適合設計活動を実施するための指針も提示されています．この規格も ISO 14001 とは完全に独立した規格で，ISO 14001 の認証との関係はありません．

(2)　SC 2：環境監査及び関連環境調査

①　環境監査のための指針

1996 年の ISO 14001 及び 14004 の初版発行と同時に，環境監査の主要な項目を記載した ISO 14010，環境マネジメントシステム監査のプロセスを記載した ISO 14011，及び環境監査員の資格要件を記載した ISO 14012 が発行されました．これらの規格は国内においては環境審査員資格の基準として使用されました.

この時点では，品質マネジメントシステム（QMS：Quality Management System）の国際規格であるISO 9001に対応した品質監査に関する規格が既にあって品質審査員資格の基準として使用されていました．その後ISO 9001が2000年に全面的に改訂され，マネジメントシステムとしての基本的な要求事項はISO 14001:1996との整合性が高まりました．この結果，マネジメントシステムの監査という観点からの原則や方法は共通化できるという考え方が広まったことから，環境監査に関する規格と品質監査に関する規格を統合したISO 19011の開発が進められ，2002年に発行されました．ISO 19011の発行に伴い，ISO 14010，14011及び14012は廃止され，品質監査に関するそれまでの規格も同様に廃止されました.

なお，本書第1章のQ17で説明したように，その後環境，品質以外の分野にもMSSが拡大する状況になったため，ISO 19011はすべてのMSSの監査に適用できる規格に改訂することとなり，2011年に“マネジメントシステム監査のための指針”として生まれ変わっています.

② ISO 14015

土地取引などに関係して土壌汚染の有無などを調べる，いわゆるサイトアセスメントのプロセスを記載した規格で，2001年に発行されました.

この規格は国内外で，土地などを売る側，買う側あるいは資金を提供する立場の組織の人が取引対象物について環境に関するアセスメントを行う際に，その進め方を規定したものです．ただし，土壌環境基準や測定方法などは規格には含まれていません.

(3)　SC 3：環境ラベル

①　ISO 14020

すべての環境ラベルに共通した主要な九つの原則（例えば，環境ラベルを発行する組織が行うべき努力義務など）を規定した規格です．初版は 1998 年に制定され，2000 年に編集上の微修正が行われましたが，それ以降内容は変わっていません．2015 年に見直しの必要性について審議が行われる予定です．

②　ISO 14021

製品やサービスを供給する組織が第三者の認証を受けることなく自らが環境ラベルを発行する場合（自己宣言環境ラベル）のルールを規定した規格で，1999 年に発行されました．

自己宣言に基づいて環境ラベルを使用する際の禁止事項やリサイクルに関する環境ラベルの表示方法など，いくつかの具体例も含めて記載しています．2011 年には，“バイオマス”や“温室効果ガス”など四つの用語を用いる場合の規定を追加した修正規格（ISO では追補と呼んでいます）が発行されました．

③　ISO 14024

第三者の立場（製品の買い手や売り手ではない立場）の組織，例えば日本では，“エコマーク”を発行している(公財)日本環境協会が定めた基準に照らして認定審査が行われ，表示が許可される環境ラベルを対象に，制度の原則や認証のための手続きなどについて規定した規格で，1999 年に発行されました．2014 年には小規模な改訂を行うことが決議され，2015 年 10 月現在改訂作業中です．

④　ISO 14025

ライフサイクルアセスメント（LCA）に関する ISO 規格［本項（5）参照］に基づいて，数値情報を環境ラベルとして表示する場合に，その原則や手順に関する規定事項を示した規格で，当初は 2000 年に ISO/TR 14025 として策定されました．この TR（Technical Report：技術報告書）とは，例えば，調査で得られたデータ，参考になる報告書からのデータや最新技術の情報などを含む文書です．

ISO/TR 14025 発行後，この規格が対象とする環境ラベルを使用する国が増えたことや国際的なニーズが高くなったことから，2006年に正式な国際規格ISO 14025として発行されました．ISO 14025に準拠した環境ラベルには，日本では，(一社) 産業環境管理協会が行っている“エコリーフ”という名のラベル表示制度があります．

環境ラベルの区別

環境ラベル関連の規格類において，ISO 14024が扱うものを“タイプⅠ環境ラベル”，ISO 14021が扱うものを“タイプⅡ環境ラベル”，ISO 14025が扱うものを“タイプⅢ環境ラベル”と呼んでいます．

タイプⅠ
エコマーク
［(公財) 日本環境協会］

タイプⅡ
メビウスループ
（ISO 14021/JIS Q 14021）

No. XX-02-001

タイプⅢ
エコリーフロゴマーク
［(一社) 産業環境管理協会］

タイプ別環境ラベルの例

⑤　ISO 14026

カーボンフットプリント［本項（7）参照］やウォーターフットプリント［本校（5）参照］など，製品や組織のライフサイクルを通じた環境負荷の情報（フットプリント情報といわれます）を表示する場合の規定やそれに基づいた制度が，日本を含む多くの国で見られるようになってきました．日本では，(一社) 産業環境管理協会が行っている“カーボンフットプリント・コミュニケーションプログラム”という名の制度があります．

ISO 14026は，フットプリント情報を表示するなど，環境負荷に関する情報についてコミュニケーションを行う場合のルールを規定するもので，2014

年に規格化作業が開始され，発行は2017年頃になる見込みです．

ISO 14025が規定するタイプⅢラベルと同様にLCAを適用して得られた情報を表示する点は同じですが，タイプⅢがLCAの結果をすべて提示するのに対して，フットプリントは温室効果ガスの排出量や水の使用など，特定の環境負荷に焦点を当てて，その数値情報だけを表示するものです．しかし，最近では複数の種類の環境負荷情報を総合的に表示するものも出始めており，タイプⅢとの違いが不明確になりつつあるようです．

⑥ **ISO/TS 14027**

タイプⅢラベルやフットプリントで提供される数値情報はLCAを使用して算定されますが，LCAをどのように，どこまで適用するかは製品やサービスごとに違いがあります．このため，製品やサービスの種別ごとに詳細な適用ルールを定めることが必要で，このようなルールをPCR（Product Category Rule：製品種別算定基準）と呼んでいます．ISO/TS 14027は，このPCRを定める場合の基本事項を規定するものです．このTSも2014年に開発が始まり，2017年頃発行される予定です．

ちなみに，TS（Technical Specification：技術仕様書）は，国際規格とするには，国際的な合意や規格のニーズ，経験などがまだ十分でないテーマを規格の形式で取りまとめた文書で，TRよりは国際規格に近いものとなります．

(4) SC 4：環境パフォーマンス評価

① **ISO 14031**

環境パフォーマンスとは，環境マネジメントの結果や成果のことです．ISO 14031は，環境パフォーマンス評価を行う際の，組織活動に関する指標や環境負荷にかかわるデータに関する指標などを記載した規格で，環境マネジメントシステムを構築した企業などの組織が実際に環境上の結果や成果を確認したり，それをベースに活動を改善したりしようとする際に，データを取る際の指標の考え方の整理や活動方法の検討に使われることを目的としています．この規格は1999年に発行され，2013年に小規模な改訂が行われました．

② ISO/TS 14033

組織の環境パフォーマンスなどを伝達するときに用いる，定量的な環境情報について，データの取得から集計や加工などを行う際の指針を提供しています．2012 年に TS として発行されました．

③ ISO 14034

環境技術実証（ETV：Environmental Technology Verification）制度とは，普及が進んでいない先進的環境技術について，その環境保全効果等について第三者機関が実証することで，先進的な環境技術の普及を促進し環境保全に貢献するとともに経済活性化を図ることを目的とした制度です．ETV 制度は 1995 年に米国で開始され，その後カナダやアジア諸国にも広がりました．わが国では 2003 年度から環境省による実証モデル事業が開始され，現在では正式な ETV 事業として環境省所管で運用されています．

ISO 14034 は，各国の ETV 制度で承認された技術が相互承認されるようにするための国際ルールを策定する目的で 2013 年に規格開発がスタートしました．発行は 2016 年頃になる見込みです．

(5) SC 5：ライフサイクルアセスメント

① ISO 14040 と ISO 14044

ライフサイクルアセスメント（LCA：Life Cycle Assessment）の規格は，1997 年に LCA 手法に関する一般原則（全体解析プロセスの説明など）を規定した ISO 14040 が，1998 年に LCA インベントリデータ（LCA 手法を用いて解析する際に基礎となる環境からの入力及び環境への出力データのこと）の扱いに関して規定した ISO 14041 が発行されていました．

さらに，2000 年には LCA インパクトアセスメントの手法（環境からの入力及び環境への出力と環境上の潜在的影響との関係を考慮した解析方法）に関して規定した ISO 14042 と一連の LCA 手法実施の結果についての理解の仕方に関して規定した ISO 14043 が発行されました．

その後，これら四つの規格は読みやすくするために，2006 年に ISO 14040 と ISO 14044 の二つの規格に統合されています．ISO 14040 は LCA に関する一般原則及び枠組みを提示した規格です．ISO 14044 は，LCA の実施に関する要求事項及び指針を規定しています．

② **ISO/TR 14049**

LCA 手法である，LCA インベントリデータ分析の適用事例を示した TR として，2000 年に策定され，その後 2012 年に改訂版が発行されました．

③ **ISO/TS 14048**

LCA のデータフォーマットに関する規定を示した TS として，2002 年に策定されました．

④ **ISO/TR 14047**

LCA インパクトアセスメントの事例集という位置付けの TR として，2003 年に策定され，その後 2012 年に改訂版が発行されました．

⑤ **ISO 14045**

製品のライフサイクルにおける環境影響と，製品の価値を数値で表したものとの関係を評価する手法に関する要求事項と指針を規定した規格で，2012 年に発行されました．

⑥ **ISO 14046**

ウォーターフットプリントとは，製品や組織の活動が，そのライフサイクルすべてにわたって水にどの程度の環境負荷を与えているかを表す指標で，LCA の方法を適用して算定されます．この規格は，2014 年に発行されています．

⑦ **ISO/TS 14071**

クリティカルレビューとは，LCA が ISO 14044 の要求事項を満たして実施されているか否かを評価することです．クリティカルレビューについては，ISO 14044 でも規定されていますが，ISO/TS 14071 にはさらに詳細な追加要求事項や，評価者に必要な力量などが規定されています．この TS は，2014 年に発行されています．

そもそもライフサイクルアセスメント（LCA）とは…

ライフサイクルアセスメントとは，製品の生産及び使用に伴う環境からの入力や環境への出力と環境影響との関係を，資源の採取，生産，運搬，使用，廃棄（最終処分）という，製品ができるときから，その使用，廃棄にいたる，いわば製品の一生涯にわたって評価しようという考えのことです．
例えば，電気冷蔵庫についていえば，冷蔵庫の材料となる金属や合成樹脂などの原料の採取，輸送，素材メーカーでの生産，部品加工，組立て，輸送，製品の使用，リサイクル，廃棄までの一連のことをいいます．
LCA手法を使うことで，その製品のライフサイクルにわたっての環境に対する入出力と潜在的環境影響が把握でき，同様の製品との比較や，環境上の改善をライフサイクル上のどこにおいて行うべきかなどの理解が可能になります．

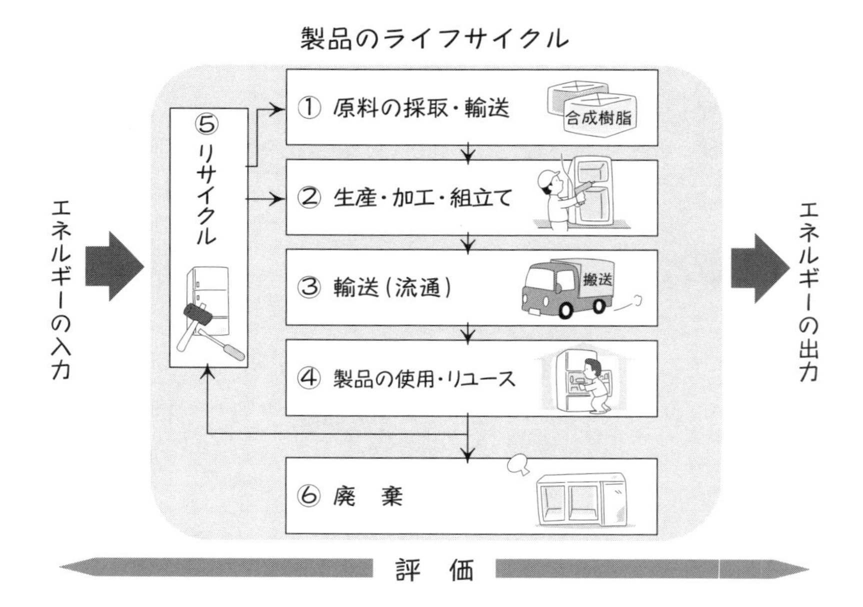

LCA インパクトアセスメントとは…

LCA インパクトアセスメントとは，製品の一生涯にわたっての環境からの入力及び環境への出力の環境への影響（インパクト）を評価しようという考えのことです．これには，入力・出力を原因ごとに分類してそれぞれ影響を評価する段階と，それらを総合して評価する場合とがあります．

⑧　ISO/TS 14072

LCA は本来製品への適用を目的としていましたが，組織のカーボンフットプリントといった形で組織に適用する事例が現れてきたことから，LCA を組織に適用する場合の基本ルールの標準化が必要となってきました．こうした背景から策定されたのがこの TS で，2014 年に発行されています．

(6)　TCG（旧 SC 6，SC 6 としては 2002 年解散）：用語の調整

SC 6 は，各 SC において使用する用語の定義の整合性を図り，ISO 14000 ファミリーにおける用語規格を作成することを目的として設立されました．しかし，用語は ISO 14000 ファミリーの個別規格ごとの必要性に応じて定義されます．したがって，中には同じ用語が規格によって微妙に異なる内容で定義される場合もあります．

SC 6 では，1998 年にそれまでの ISO 14000 ファミリー規格で定義された用語を集めた ISO 14050 を発行しましたが，こうした作業を通じて用語の定義だけを別の委員会が策定すると，実情に合わなくなってしまうことが明らかになりました．このため，SC 6 は 2002 年に解散することとなり，代わって各 SC の代表者からなる TCG（Terminology Coordination Group：用語調整グループ）が設置され，ISO 14000 ファミリー規格の用語を調整する活動を継続しています．前出の ISO 14050 も，この TCG が適宜新しい用語を追加して内容を更新しています．

(7)　SC 7：温室効果ガスマネジメント及び関連活動

1993 年に TC 207 が設立された当初は SC 1 から SC 6 までの六つの SC が設置されていましたが，2000 年頃から気候変動問題に関する規格開発の必要性がTC 207内部で議題に上るようになりました．そのような中，2002年にカナダやマレーシアから温室効果ガス（GHG：Greemhouse Gas）の排出量や吸収量を算定し，検証するときのルールを定める規格開発の提案があり，加盟国投票によってこの提案が承認されました．この結果，TC 207直下にWG 5が設置され規格開発がスタートしました．当時WG 5が開発を進めたのは，次の3種類の規格です．

① **ISO 14064-1**

企業などの組織が，1年間にどの程度の温室効果ガスを排出又は吸収したか算定し報告する場合の，基本的な要求事項と指針が示されています．

現在では，この規格に準拠して算定が行われていることを第三者が検証する制度が日本をはじめ多くの国で設けられています．

② **ISO 14064-2**

企業などの組織が，温室効果ガスの排出削減や吸収を目的としたプロジェクトを実施した場合に，その削減効果を正しく算定するための要求事項と指針を規定しています．この規格に準拠して算定されていることを第三者が検証し，排出量取引などに使用できるような制度もできています．

③ **ISO 14064-3**

組織がISO 14064-1やISO 14064-2に準拠して温室効果ガスを算定した場合に，それが正しく算定されているかどうか確認する方法に関する要求事項や指針が規定されており，特に温室効果ガスに関する第三者検証制度の基本ルールとして採用されています．

これら三つの規格はいずれも2006年に発行されました．これに続き，温室効果ガスの算定に関する検証を行う機関に対する要求事項を規定する規格開発提案が承認され，この作業を担当するWG 6が2004年に設置されました．

しかし，温室効果ガス関係については，その後も規格開発テーマが拡大し，将来的にもさらに多くの規格開発ニーズがあると予想されたことから，2007年に新たなSC 7を設置することが決まり，WG 5及びWG 6の業務がSC 7に引き継がれたことから，両WGは廃止されました．SC 7設立後に発行された温室効果ガス関連の規格には次の四つがあります．

④　ISO 14065

マネジメントシステムの“認証”に対して，温室効果ガスの算定の第三者確認は“検証”と呼ばれ，それを行う機関を検証機関と呼びます．2013 年に発行されたこの規格は検証機関が満たすべき要求事項を規定しており，この要求事項をすべて満たした機関だけが温室効果ガスの検証業務を行うことができます．

⑤　ISO 14066

温室効果ガスに関する検証業務を行う人がもっていなければならない力量について規定した規格で，2011 年に発行されています．

⑥　ISO/TS 14067

カーボンフットプリントとは，製品を製造するのに，その原料調達から製造，輸送，使用，廃棄に至る過程で，温室効果ガスをどのくらい排出するかを算出し，それを代表的な温室効果ガスである二酸化炭素量に換算して表示するものです．カーボンフットプリントを算定し，表示することによって，温室効果ガスの排出量が誰にでも見えるようになり，また消費者が環境に配慮した製品を購入する際の目安ともなります．

ISO/TS 14067 は，ISO 14040 に記載されているライフサイクルアセスメントの原則に基づいて，カーボンフットプリントの算定及びその結果のコミュニケーション（表示など）に関する原則，方法などを規定したものです．

当初正式な国際規格（IS）を策定する計画でしたが，途上国などからカーボンフットプリントを製品に表示することで，途上国産の製品が差別される可能性があるとして国際規格化に反対する意見が出されたことから，まずは TS として策定することになり，2013 年に発行されています．

⑦　ISO/TR 14069

この TR は，前出の ISO 14064-1 の規定内容をさらに詳細に規定するもので，特に組織が購入する原材料や，組織が出荷する製品や提供するサービスが組織の外部で排出する温室効果ガスの排出量の算定方法について詳細に提示されています．組織自身の排出量に加えて，組織の活動に関連して組織外部での排出量をライフサイクル全般にわたって算定するため，この内容は“組織のカーボンフットプリント”とも呼ばれています．

組織のカーボンフットプリントの適用経験は世界的にもまだ少ないため，当初より国際規格ではなくTRとして開発され，2013年に発行されました．

カーボンフットプリントとは…

カーボンフットプリントとは，製品の原料調達から廃棄に至るその製品のライフサイクルにおいて排出される温室効果ガスの量を，ライフサイクルアセスメントの評価方法を用いて算出し，製品にラベルなどの手法を用いて表示する方法です．また，カーボンフットプリントでは排出された温室効果ガスの量を二酸化炭素排出量として換算したうえで算出及び表示をします．

カーボンフットプリントを使うことで，製品の原料調達から廃棄までに排出される温室効果ガスの排出量がわかります．また，消費者の地球温暖化に対する意識が高まり，温室効果ガス排出量の少ない製品を購入することが容易になることによって，温室効果ガス排出量のより一層の削減が期待できます．

日本では，2008年に策定された“低炭素社会づくり行動計画”において組織及び消費者が地球温暖化防止に向けた取組みを推進するための“カーボンフットプリント制度”の導入が示されました．これを受け，カーボンフットプリント制度における温室効果ガス排出量の算出方法，評価方法，表示方法などに関するルールを策定しました．

また，カーボンフットプリント制度の市場導入のための試行も始まっています．

(8)　その他，TC 207 直下に設置された作業グループ（WG）

①　TC 207/WG 1：製品規格の環境側面

ISO は様々な製品に関する国際規格を発行していますが，製品に対する環境関連の規制や環境に配慮した設計を求める動きが広まっています．このため，WG 1 では個別の製品に関する国際規格の中に環境に関する規定を織り込む場合の指針として，ISO Guide 64 を 1997 年に発行しました．

なお，ISO Guide は企業など一般ユーザー向けの規格ではなく，ISO で製品規格を策定する場合の規格開発者向けの指針です．

②　TC 207/WG 2：森林マネジメント

WG 2 では，上記名称の技術報告書 ISO/TR 14061（森林経営組織が ISO 14001 及び ISO 14004 を使用するための情報）を 1998 年に策定しましたが，その適用が普及しなかったため，2006 年に廃止されました．

③　TC 207/WG 3：環境適合設計

WG 3 が開発した ISO/TR 14062 は，製品設計において環境への配慮事項を織り込む指針を記載したもので，2002 年に発行されました．

④　TC 207/WG 4：環境コミュニケーション

WG 4 では，組織の環境への取組みや，その結果に関して利害関係者とコミュニケーションをとる際の原則並びに方法について規定した ISO 14063 を 2006 年に発行しました．

利害関係者とのコミュニケーションには，環境報告書も含まれていますが，それ以外の様々なコミュニケーション手法についても指針が示されています．

⑤　TC 207/WG 5：気候変動

SC 7 が設立される前に ISO 14064-1，2，3 の開発を担当しました．規格の概要については本項の（7）を参照してください．

⑥　TC 207/WG 6：温室効果ガス検証機関

SC 7 が設立される前に ISO 14065 の開発を担当しました．規格の概要については本項の（7）を参照してください．

⑦　TC 207/WG 7：製品規格の環境側面の導入

WG 1が開発した前出のISO Guide 64の改訂を担当するWGで，2008年にライフサイクルの考え方をより強化したISO Guide 64の改訂版を発行しました．

⑧　TC 207/WG 8：マテリアルフローコスト会計

マテリアルフローコスト会計とは，企業（主に製造業）が生産プロセスで使用する原材料やエネルギーについて，製造プロセスを細かく区分したうえで，そのプロセスごとに原材料などの使用量と廃棄物発生量を物量単位と金額単位で把握し，廃棄物の発生箇所とそのコストを“見える化”することで廃棄物の削減と生産性の向上を可能にする手法です．この規格開発は日本が提案したもので，WG 8の主査にも日本が就任しました．

WG 8では，2011年にマテリアルフローコスト会計の一般的枠組みを規定したISO 14051を発行し，2014年にはマテリアルフローコスト会計をサプライチェーンに適用する場合の指針であるISO 14052の開発に着手しています．

⑨　TC 207/WG 9：土地劣化及び砂漠化防止

WG 9では，2012年から土地劣化と砂漠化防止に関する規格の検討を行っており，この指針と枠組みを規定するISO 14055-1と事例を示すISO 14055-2の開発を進めています．

⑩　TC 207/WG 10：環境配慮設計

WG 10は，2014年にIEC（International Electrotechnical Commission：国際電気標準会議）から環境配慮設計の指針をISOとIECで共同開発する提案がなされ，加盟国投票の結果承認されたことに伴って設置されたWGで，この規格開発に対するISO側の組織としての対応に加え，WG 3が2002年に策定した前出のISO/TR 14062の見直しを実施する予定です．

（ISO 14000ファミリー規格一覧は，巻末の参考2を参照）

2.5　わが国の対応

(1)　産業界の対応

本章 2.1 節で述べたように，ISO 14001 はじめ ISO 14000 ファミリー規格は世界の産業界が主導して開発を進めたものです．わが国でも TC 207 が設立されるほぼ 1 年前の 1992 年秋から (社) 日本経済団体連合会（当時，2012 年より一般社団法人）の地球環境部会に専門ワーキンググループを設置し，国内での議論を深めるとともに国際会議への代表委員（ISO ではエキスパートと呼ばれる）を産業界から多数派遣し，その費用負担含めて全面的な支援が行われました．

1996 年 7 月，ISO 14001 の初版発行の 2 か月前に，経団連は“経団連環境アピール— 21 世紀の環境保全に向けた経済界の自主行動宣言 —”を公表しました．

経団連環境アピールでは，“地球温暖化対策”，“循環型経済社会の構築”，“環境管理システムの構築と環境監査”，“海外事業展開にあたっての環境配慮”の四つのテーマが打ち出され，この中で“環境管理システムの構築と環境監査”については次のように述べられています．

環境管理システムの構築と環境監査
環境問題に対する自主的な取り組みと継続的な改善を担保するものとして，環境管理システムを構築し，これを着実に運用するため内部監査を行う．さらに，今秋制定される ISO の環境管理・監査規格は，その策定にあたって日本の経済界が積極的に貢献してきたものであり，製造業・非製造業問わず，有力な手段としてその活用を図る．

(環境アピールの全文は日本経団連のホームページに 2015 年現在も掲載されています)

経団連は 1997 年から京都議定書によるわが国の削減義務に貢献するため温

室効果ガス削減の自主行動計画を発足させ，自主的な取組みを実行する仕組みとしてISO 14001を位置付けました．経団連の環境アピールに呼応する形でわが国の大企業でISO 14001の導入が急速に進んだのです．

ISO/TC 207に対するわが国の対応は，環境管理規格審議委員会［委員長：松橋隆治東京大学教授，事務局：(一財) 日本規格協会及び (一社) 産業環境管理協会］を設置して審議し，決定しています．

(2)　行政，消費者団体及びNGOの対応

日本のISO会員団体である日本工業標準調査会(JISC：Japanese Industrial Standards Committee）の事務局である経済産業省は，産業界とともに，TC 207の活動に積極的に関与し，委員会活動費や委員の国際会議派遣費の負担を行ってきました．環境省も，国内外の規格検討会に委員又はオブザーバー（関係者）として参加するなど，やはり積極的に関与しています．

環境管理規格審議委員会には，産業界，政府だけでなく消費者，NGOなどの多くの利害関係者の代表が委員として参画しています．

第3章　ISO 14001ってどんな規格だろう

3.1　ISO 14001 を理解するための予備知識

規格は通常，次のような構成になっています．

0　序文：これから規格の本文を読もうとしている人のために，規格検討の背景や規格のねらいなど，参考となることが記述されています．

1　適用範囲：規格の使われ方や目的などが記載されています．

2　引用規格：参照して，当該の規格同様に守らなければならない規格のことです．

3　用語及び定義：この規格の中で使う用語の定義を記載しています．

4～N　規定文：要求事項や推奨事項から構成されています．

ISO 14001 は要求事項（又は仕様）だけを規定した規格ですが，その他の ISO 14000 ファミリー規格は推奨事項だけを提示したもの（指針）や，要求事項（又は仕様）と推奨事項の両方を含む規格もあります．

要求事項の表現は，英語では助動詞 shall を用いて記述され，日本語では“○○しなければならない”という表現を用います．

附属書：規定文の内容に関する追加情報を提供するもので，附属書（規定）と表示されている部分は要求事項となり，附属書（参考）と表示されている部分はあくまで参考情報で要求事項ではありません．ISO 14001 の附属書はすべて“参考”です．

参考文献：文字どおり参考として示してあり，規定ではありません．

上記の1～N（※Nの数は規格により異なります）までの番号は“箇条”と呼び，目次がさらにN.1やN.1.1のように細分化される場合，これらの番号を“細分箇条”と呼びます．

ISO 14001やISO 14004のようなマネジメントシステム規格（MSS）は，2.3.1項で解説したMSS共通要素が適用されますので，箇条4から箇条10までが要求事項を規定した部分になります．この構成は，ISO 9001など他の分野のMSSでも同じです．

3.2　ISO 14001・2015年改訂のポイント

ISO 14001の2015年改訂で特に大きく変わった点としては以下の事項があります．ISO 14001:2015の要求事項については3.3節で詳しく解説しますが，まずは以下に示すポイントを押さえておくと理解しやすくなるでしょう．

(1)　戦略的な環境マネジメントへ

ISO 14001:2015では，環境マネジメントシステム（EMS）の導入と適用を計画するときに，組織の“外部及び内部の課題”と“利害関係者のニーズや期待”を知ること（箇条4）から始め，EMSが意図した成果を達成するために考慮すべき“リスク及び機会”を決定するよう求めています（6.1）．利害関係者とは，お客様や取引先，株主や投資家，近隣の住民，行政機関など様々な関係者があり得ますが，どこまでを対象とするかは組織が決めることです．

2004年版の要求事項と同様に，企業の活動，製品やサービスの環境負荷の中で大きな影響を与えるもの（“著しい環境側面”と呼んでいます）を取り上げ，また適用される環境法規や組織が自主的に受け入れた要求事項（地域住民との協定や取引先との契約など）の内容をしっかりと理解して適正に管理する必要があります．改善が可能なものについては目標を設定し改善活動を行うことは変わりありませんが，今回の改正で，さらに“リスク及び機会”という観点を加えて取組みを計画することが求められるようになりました．“リスク及び機会”の観点を入れることで，EMSが経営戦略的な取組みに広がっていくことが期待されています.

(2)　“手順”から“プロセス”へ

従来の ISO 14001 では，EMS の主要な活動に対して“手順”を決めて実行することが要求されていました．従来の ISO 14001:2004 では 13 か所で手順の確立と実施，維持，改善が要求されていました．これに対して今回の 2015 年改訂版で取り入れられた MSS 共通要素には手順を求める要求事項はなく，“プロセス”の確立が要求されており，必要なプロセスは組織が決めるという立場をとっています．このため，ISO 14001:2015 でも“手順”を求める要求事項はなくなり，“プロセス”をベースとした EMS の確立が求められています．“プロセス”とは，“インプットをアウトプットに変換する，相互に関連する又は相互に作用する一連の活動”[2)] と定義されており，ここでいう“変換”が計画どおり安定して実施されるように変換を行う方法，すなわち“手順”などが必要であるとともに，変換に必要な経営資源（物的及び人的）が不可欠です．このうち，物的資源には“投資”や“経費”などのお金が含まれ，人的資源には，そのプロセスを運用するために必要な知識や技能を適用する能力，すなわち“力量”をもった人が含まれています．さらに，計画どおりに変換が実施されていることを確認するためのプロセス内の監視や測定とその判断基準，プロセスの責任者などの事項を決めることになります．つまり，従来の“手順”は“プロセス”の構成要素の一つにすぎず，“手順”があっても必要な資源や，手順の実行管理が伴わなければ計画した結果を得ることはできません．“プロセス”をしっかりと確立することで EMS の有効性が向上することが期待されます.

(3)　事業プロセスへの統合

今回の改訂で MSS の共通要素に基づいたことによって，すべてのマネジメントシステムの要求事項は組織の事業プロセスに統合して実施することが求められるようになりました．規格ごとに，規格に合わせた仕組みを組織の事業プロセスとは別に構築すると，単に認証取得のための仕組みになってしまい，組織の本業での仕事の進め方から遊離した，形だけの仕組みになりがちです.

“事業プロセスへの統合”は，MSSを適用する組織にとって有用なだけでなく，MSSの認証制度の社会的信頼性を確保するためにも不可欠なものなのです．

(4)　経営者の責任の強化

EMSを経営戦略レベルで適用し，事業プロセスに統合して実施するにはトップマネジメントのリーダーシップとコミットメント（責任をもって進めるという約束）が不可欠です．このため，2015年版ではトップマネジメントに対する要求事項が強化され，トップ自らが積極的にかかわることはもとより，組織の中間管理者層に対する指導，支援を行うことも要求されます．

トップマネジメントに対する要求事項で一番重要な点は，EMSが有効に実施されていることをトップ自ら説明できることが要求されるようになった点でしょう．

(5)　対処すべき環境課題の拡大

2004年版では環境方針の中で“汚染の予防”へのコミットメントが求められていました．2010年に発行された社会的責任（SR：Social Responsibility）に関する国際規格であるISO 26000（社会的責任に関する手引）では，環境課題を“汚染の予防”，“持続可能な資源の利用”，“気候変動の緩和と気候変動への適応”，“環境保護・生物多様性及び自然生息地の回復”の四つの課題に整理し，対応の指針を提示しました．これを受けて，ISO 14001:2015の環境方針では，ISO 26000で規定された汚染の予防以外の三つの環境課題に関して，適切な場合はコミットメントを行うよう拡大されました．汚染の予防に加えて何にコミットメントするかは，企業が自主的に選択できます．

また，これまでのISO 14001は，“組織が環境に与える影響”をマネジメントするものでしたが，ISO 14001:2015では，“環境が組織に与える影響”も考慮することが求められるようになりました．“環境が組織に与える影響”には，最近世界各地で頻発する異常気象や，資源が次第に少なくなっていくことの影響などが考えられます．

(6)　環境パフォーマンスの重視

これまでの EMS では，継続的改善とはマネジメントシステムの改善が中心で，マネジメントシステムが改善すれば結果として環境パフォーマンスが改善するという考え方でした．

環境問題の悪化に歯止めがかからない状況の中で，社会は環境パフォーマンスの改善をますます強く求めるようになっています．こうした状況を踏まえ，ISO 14001:2015 では，環境パフォーマンスの継続的改善を求める考え方に焦点が移ってきています．

(7)　順守義務に関するマネジメントの強化

今回の改訂で登場した“順守義務”という用語は，従来の 14001 にあった“法的要求事項及び組織が同意するその他の要求事項”という表現を，意味は変えずに簡潔に置き換える用語として採用されたものです．

ISO 14001:2015 では，順守義務を満たすことを確実にするための要求事項が強化され，2004 年版と比べてはるかに多くの細分箇条で順守義務を満たすことに関係する要求事項が規定されています．

(8)　ライフサイクルの視点に基づく取組み

ISO 14001:2015 では，環境マネジメントを組織の上流（サプライチェーン）と下流（流通チャネル，顧客，リサイクル・廃棄物処理）に拡大することを目指しています．組織の活動や製品及びサービスの環境負荷を特定するにあたって，“ライフサイクルの視点”を考慮することが要求されるようになりました．また，運用管理においても“ライフサイクルの視点”に従って，業務の外部委託先を含め，組織の上流及び下流に対して環境負荷低減の働きかけを行うことが要求されています．

(9)　コミュニケーションの計画と実施

ISO 14001:2015 の 4.2 にある“利害関係者のニーズ及び期待の理解”にはコミュニケーションが不可欠です．組織にはコミュニケーション計画を策定し実施することが求められます．ISO 14001:2015 では法令などで求められる行政への環境報告も外部コミュニケーションとして管理しなければなりません．

また，伝達する環境情報とその信頼性についても EMS によって管理することが要求されます．

(10)　文書・記録等の電子化の促進

MSS 共通要素では，文書，記録という用語は使用されず，すべて“文書化した情報”という用語に統一されました．これは企業のビジネスプロセスの IT 化が加速しており，遠からず EMS などに必要な文書などはすべて電子化されることを想定したものです．

よって，この MSS 共通要素に基づいた ISO 14001:2015 では（ISO 9001:2015 も）マニュアルを求める要求はなく，組織は自ら必要と判断する文書化した情報を整備すればよいと規定されています．

3.3　ISO 14001:2015　要求事項の内容

ここでは 2.3 節で示した ISO 14001:2015 の目次構成に沿って，箇条 4 から箇条 10 で規定される要求事項におけるポイント（“要求事項のポイント”）と，組織が ISO 14001:2015 を適用するうえでの参考として“実践のポイント”を解説します．

箇条 4 から箇条 10 の順番は，PDCA（Plan-Do-Check-Act）サイクルを基本とした配置になっています．（図 1 を参照）

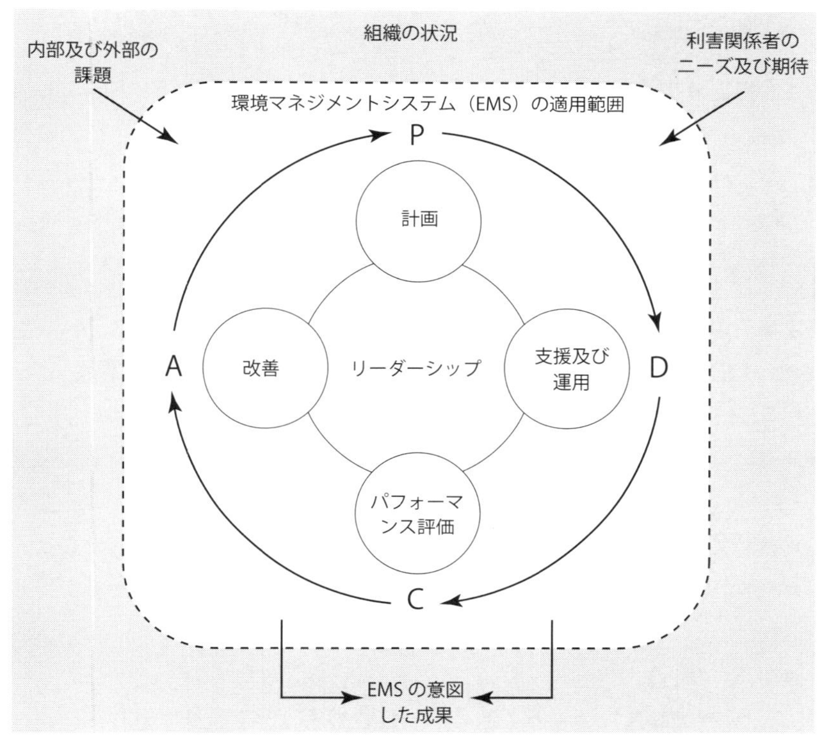

図 1　PDCA と ISO 14001:2015 の枠組みとの関係（JIS Q 14001:2015 の図 1）

ISO 14001:2015 に規定する要求事項について，本書では JIS Q 14001:2015 の日本語訳に基づいて要約した内容を，［　　］内にリスト化して示しています．実際の規格では，これらの要求事項はそれぞれ“○○しなければならない”という表現で記されており，［　　］内（枠内）の文章は JIS Q 14001:2015 の規定文そのものではありませんので，要求事項の正確な文言は同規格原本を参照してください．

また，枠内で下線のない箇所は MSS 共通要素で，下線を付した内容が EMS 固有に追加した要求事項を示しています．

4. 組織の状況

4.1　組織及びその状況の理解

・組織は，EMSの意図した成果を達成する組織の能力に影響を与える外部及び内部の課題を決定する．

・課題には，組織から影響を受ける又は組織に影響を与える可能性がある環境状態を含む．

【要求事項のポイント】

組織のEMSによくも悪くも影響を与える可能性がある外部の課題（経済，社会，技術，法規制の動向など）と内部の課題（組織の活動，製品及びサービスの特性，組織の保有する能力，技術など）について，知識を得ることを求めています．その際，組織の活動や製品及びサービスが環境に与えていると思われる影響と，逆に環境とその変化（地球温暖化による異常気象の発生など）によって組織がどのような影響を受ける可能性があるかについての知識を得ることも併せて求められています．

【実践のポイント】

外部や内部の課題は限りなくあり，それらのすべてを網羅したり，組織への影響を詳細に分析したり評価したりする必要はありません．主要な情報源を明らかにして，そこからの情報を誰が，どのように検討して“課題”を決定するか，プロセスを決めておくことが必要です．最終的な決定はトップマネジメントを含む経営層が行うとよいでしょう．例えば，最新の環境白書や，所属する業界団体からの情報，組織の事業計画などを情報源として，経営層や環境部門の管理者層が参画する“課題検討会議”を通じて決定するという形が考えられます．

ここで何を課題として取り上げるかは組織次第で，正解はありません．同じ業種・同じ規模の組織でも取り上げる課題は違ってくるでしょう．しかし，課題の理解は，その後EMSを構築し，実施していく出発点となるものです．しっかりと課題を認識することが有効なEMSにつながります．

4.2　利害関係者のニーズ及び期待の理解

・組織は，EMS に関連する利害関係者とそのニーズ及び期待を決定する.

・それらのニーズ及び期待のうち，組織の順守義務となるものを決定する.

【要求事項のポイント】

外部と内部の課題を知ることに続いて，組織の利害関係者が，組織の環境への取組みについてどのようなニーズや期待をもっているのかを認識することが要求されます.

“順守義務”とは，組織が守らなければならないルールで，最低限法律は守らなければなりませんが，それ以外でも，例えばお客様からの環境関連の要求，地域住民などとの環境に関する協定，さらには毎年環境報告書を発行すると社会に向けて公表した約束事項なども含まれます．利害関係者のニーズや期待がすべて順守義務になるわけではありません．法律以外に何をどこまで“順守義務”として受け入れるかは組織が決めることです.

【実践のポイント】

この要求事項にも 4.1 と同様に対応すればよく，例えば 4.1 と同じプロセスで決定しても構いません.

4.3　環境マネジメントシステムの適用範囲の決定

・組織は，**4.1** に規定する外部及び内部の課題，**4.2** に規定する順守義務及び次の事項を考慮して EMS の適用範囲を決定する.

　－　組織の単位，機能及び物理的境界

　－　組織の活動，製品及びサービス

　－　管理し影響を及ぼす，組織の権限及び能力

・適用範囲内の組織のすべての活動，製品及びサービスを EMS に含む.

・適用範囲は，文書化した情報として利害関係者が入手できるようにする.

【要求事項のポイント】

EMSの適用範囲を決定するときに組織が考慮すべき事項が規定されています．これらを考慮したうえで，EMSの適用範囲は組織が自主的に決定すればいいのです．事業所ごと，組織全体，さらには連結対象組織も含めた適用など，様々な適用が可能です．適用範囲を決めたら，その範囲内の活動や，そこから生み出される製品やサービスの一部を除外することは許されません．また，利害関係者から適用範囲について問合せがあった場合には，情報を提供しなければなりません．

【実践のポイント】

4.1（組織及びその状況の理解）と4.2（利害関係者のニーズ及び期待の理解）が適用範囲を決定するときの考慮事項とされているのは，社会，経済，法律などの動向を広く知ったうえで，組織にとって最も有効な適用範囲を決めるためです．

利害関係者が心配しているような大きな環境負荷を与える活動や製品及びサービスを意図的に除外して適用範囲を決めるようなことは，EMSとその認証制度（審査登録制度）に対する社会的信用を傷つけ，組織自身も信用を失うことになるので注意してください．

4.4　環境マネジメントシステム

・環境パフォーマンスの向上を含む意図した成果を達成するため，組織は，必要なプロセス及びそれらの相互作用を含む，EMSを確立し，実施し，維持し，継続的に改善する．

・組織は，EMSを確立し維持するとき，**4.1**及び**4.2**で得られた知識を考慮する．

【要求事項のポイント】

2004年版では要求事項の冒頭の4.1（一般要求事項）に記載されていたEMSの確立・実施・維持及び改善を包括的に求める要求事項です．

“必要なプロセス及びそれらの相互作用を含む”という要求事項は今回の2015年改訂で追加されたものです（MSS共通要素による追加）．“プロセス”については，3.2節（2）の解説を参照してください．

“EMSを確立し維持するとき，4.1及び4.2で得られた知識を考慮する”という要求事項も包括的な規定ですが，これによって4.1及び4.2で求められる結果が“知識”であることがわかります．

【実践のポイント】

EMSの“プロセス”をどのように構成するかは組織が自由に決定できます．例えば4.1，4.2の要求事項を実現するためのプロセスを個別に構成するか，統合するか，さらには他の細分箇条で規定される要求事項［例えば6.1（リスク及び機会への取組み）］まで一括してプロセスとすることも可能です．

5. リーダーシップ

5.1　リーダーシップ及びコミットメント

・トップマネジメントは，a)～i）の事項によってEMSに関するリーダーシップ及びコミットメントを実証する．

a）EMSの有効性に説明責任を負う．

b）環境方針及び環境目標を確立し，それらが組織の状況・戦略と両立することを確実にする．

c）EMS要求事項を組織の事業プロセスに統合する．

d）EMSに必要な資源が利用可能な状態とする．

e）有効なEMS及びEMS要求事項への適合の重要性を伝達する．

f）EMSがその意図した成果を達成することを確実にする．

g）EMSの有効性に寄与するよう人々を指揮し，支援する．

h）継続的改善を促進する．

i）管理層がその責任領域でリーダーシップを実証するよう管理層の役割を支援する．

・ 注記：事業とは，組織の存在の目的の中核となる活動を指す．

【要求事項のポイント】

箇条5の要求事項の主語はすべて“トップマネジメント”で“組織”ではないため，トップマネジメントが自ら対応しなければなりません．

“実証する”ということは，a）からi）の事項を確かに実行しているということを，証拠を示して説明できるということです．しかし，ここに規定されている事項をすべてトップマネジメントが自分で実施する必要はなく，例えばe）の“有効なEMS及びEMS要求事項への適合の重要性を伝達する”といったことの実務は環境部長や総務部長などに指示するというのが通常の組織での業務の進め方でしょう．ただ，こうした場合も指示しただけで結果を確認しなければ“実証する”ことはできません．

これに対し，g）やi）のような事項はトップマネジメントが自ら前面に立って実行するほうが効果的でしょう．また，c）の事業プロセスへの統合といった組織全体の仕事の進め方に関する事項も，環境部門だけで実行することは困難で，トップマネジメントがしっかり指示して各部門の合意を取り付けなければ進まないものです．加えて，a）の“EMSの有効性に説明責任を負う”という事項は，トップマネジメントが自ら果たさなければならない責任です．“説明責任”は他の人に任せることはできません．

【実践のポイント】

“事業プロセスへの統合”については本書3.2節の（3）の説明も参考にしてください．これを実現するためには，まず自分の組織の“事業プロセス”がどうなっているか知ることが出発点になります．既に品質マネジメントシステム（ISO 9001）などを適用している組織であれば，事業プロセスの構成が明確になっている場合もあるでしょう．また，近年業務効率化のため情報システムの導入が拡大していますので，情報システムの計画部門などで事業プロセス図などが作成されている場合もあります．こうした情報をベースにして，必要最小限のレベルで事業プロセスの“見える化”を進めることで，EMSの要求事項をどこにどう組み込めばよいかが明らかになってくるでしょう．“事業プロセスへの統合”はできるところから段階的に進めていけばよいのです．

5.2　環境方針

・トップマネジメントは，次の事項を満たす環境方針を確立し，実施し，維持する．

a）組織の目的，並びに組織の活動，製品及びサービスの性質，規模及び環境影響を含む組織の状況に対して適切である．

b）環境目標の設定のための枠組みを示す．

c）汚染の予防，及び組織の状況に固有な環境保護に対するその他のコミットメントを含む．

注記：これには持続可能な資源の利用，気候変動の緩和及び気候変動への適応，並びに生物多様性及び生態系の保護を含むことができる．

d）組織の順守義務を満たすことへのコミットメントを含む．

e）環境パフォーマンスを向上させるための EMS の継続的改善へのコミットメントを含む．

・環境方針は次の事項を満たすものとする．

－　文書化した情報として維持する．

－　組織内に伝達する．

－　利害関係者が入手可能である．

【要求事項のポイント】

環境方針の満たすべき条件が列挙されています．a）の“組織の状況”は，4.1（組織及びその状況の理解）だけでなく，4.2（利害関係者のニーズ及び期待の理解）及び 4.3（環境マネジメントシステムの適用範囲の決定）も含むと考えるべきでしょう．

c）は従来の版では“汚染の予防に関するコミットメント”だけを求めてい

た部分がその他の環境問題にも拡張されたものです．これについては3.2節の(5)の解説も参照してください．

【実践のポイント】

“環境の保護”，“順守義務を満たすこと”，“継続的改善”の三つの基本的なコミットメントが求められており，ISO 14001:2015ではコミットメントした内容がしっかりと実行されるように，以降の要求事項の様々な箇所での規定が強化されています．トップマネジメントはコミットメントだけにとどまらず，“言行一致”となるようにEMS全般の仕組みを確立し，継続的に改善を進めていくという意識をもち続けなければなりません．

5.3　組織の役割，責任及び権限

・トップマネジメントは，EMSに関連する役割，責任及び権限を割り当て組織内に伝達する．

・トップマネジメントは，EMSがこの規格の要求事項に適合することと環境パフォーマンスを含むEMSのパフォーマンスをトップマネジメントに報告する責任及び権限を割り当てる．

【要求事項のポイント】

組織内で EMS に関連する役割に関して，責任及び権限を割り当てるということは，環境方針を遂行するために組織内で EMS に関する人事を行うということで，当然トップマネジメントが決定するものです．

【実践のポイント】

2004 年版では“管理責任者”という言葉が使用され，上記の要求事項の 2 番目の事項を担当する役割と責任を有していました．今回の改訂で“管理責任者”という言葉は削除されましたが，規格から用語が消えても，組織が従来どおり“管理責任者”という名称で人を割り当てることについては当然ながら問題ありません．

6. 計画

6.1 リスク及び機会への取組み

6.1.1 一般

・組織は，**6.1** の要求事項を満たすために必要なプロセスを確立し，実施し，維持する．

・組織は，EMS を計画するとき，**4.1** に規定する課題及び **4.2** に規定する要求事項及び EMS の適用範囲を考慮する．

・組織は，環境側面，順守義務，**4.1** 及び **4.2** で特定したその他の課題及び要求事項に関連して，次の事項のために取り組む必要があるリスク及び機会を決定する．

　－　EMS がその意図した成果を達成できるという確信を与える．

　－　外部の環境状態が組織に影響を与える可能性を含め，望ましくない影響を防止又は低減する．

　－　継続的改善を達成する．

・組織は，EMS の適用範囲の中で，環境に影響を与える可能性のあるものを含め，潜在的な緊急事態を決定する．

・組織は，取り組む必要があるリスク及び機会の文書化した情報，また（**6.1** で必要な）プロセスが計画どおり実施されるという確信をもつために必要な程度の文書化した情報を維持する．

【要求事項のポイント】

ここでは6.1の要求事項全体（6.1.1～6.1.4）を実施するプロセスが求められています．プロセスの要求はすべての細分箇条で記載されているわけではなく，記載されていなくても組織はそこで記載される要求事項を満たすためのプロセスを計画し，実施することが8.1（運用の計画及び管理）で規定されています．したがってこの6.1の要求事項を満たすためのプロセスは当然必要になるのですが，特に重要な細分箇条ではプロセスが改めて要求されています．

6.1.1の要求事項の骨子は，EMS で取り組む必要がある“リスク及び機会”

を決定することです．“リスク及び機会”は本書第1章のQ18で説明したように“潜在的で有害な影響（脅威）及び潜在的で有益な影響（機会）”[2]と定義されています．“リスク及び機会”は，枠内の3項目目に記載されているように，①環境側面（6.1.2参照），②順守義務（6.1.3参照），③ 4.1（組織及びその状況の理解）及び4.2（利害関係者のニーズ及び期待の理解）で決定されたその他の課題及び要求事項（4.1及び4.2参照），の三つの内容から出現してくる可能性があります（出現しないこともありえます）．

ここで決定しなければならない“リスク及び機会”は，あくまで① EMSが意図した成果を達成できることを確実にする，②望ましくない影響を防止又は低減する，③継続的改善を達成する，という三つの目的に照らして，これに関係する“リスク及び機会”だけでよいのです．

4項目目で記載される“緊急事態”は“リスク（脅威）”の一部で，そのような事態が発生すれば直ちに対応しなければならないものです．緊急事態については，“環境に影響を与える可能性のあるものを含め”と表現されているように，環境に害を与える事態だけではなく，組織に被害や影響を与える事態も含むことが示されています．例えば，環境への取組みに関して組織外に提供した情報が誤りであった場合など，誤りの内容と程度によっては社会的，あるいは法的に大きな問題となる場合があります．こうした問題をどこまで考慮するかは組織の決定に任されています．

【実践のポイント】

リスク及び機会を決定する方法は組織に任されており，組織の活動が行われる状況に応じて“単純な定性的プロセス又は完全な定量的評価を含めてもよい”とISO 14001:2015の附属書A“この規格の利用の手引”のA.6.1.1（一般）で説明されています．リスクや機会は通常，“大・中・小”といったレベルで評価されることが多く，その基準も組織が自主的に決めるものです．例えばこの後の6.1.4（取組みの計画策定）で取組みを計画する対象は，リスクや機会が“大”と判定されたものだけとするなどの形も考えられ，すべての“リスク及び機会”への対応を求めるものではありません．

6.1.2　環境側面

・組織は，ライフサイクルの視点を考慮し，組織の活動，製品及びサービスについて，組織が管理できる環境側面及び影響を及ぼすことができる環境側面と，それらに伴う環境影響を決定する．

・環境側面を決定するとき，次の事項を考慮に入れる．

a)　計画した又は新規の開発，並びに新規の又は変更された活動，製品及びサービスを含む変更

b)　非通常の状況及び合理的に予見できる緊急事態

・組織は，設定した基準を使用し，環境に著しい影響を与える又は与える可能性のある側面（著しい環境側面）を決定する．

・組織は，必要に応じて，組織内に著しい環境側面を伝達する．

・組織は，次に関する文書化した情報を維持する．

－　環境側面及びそれに伴う環境影響

－　著しい環境側面を決定するために用いた基準

－　著しい環境側面

・注記：著しい環境側面は，環境に関連するリスク及び機会になりうる．

【要求事項のポイント】

“環境側面”という用語はISO 14001の初版（1996年版）で導入され，定義されました．いまではEMSの関係者には理解されるようになりましたが，いわゆる世間一般はもとより，組織内の一般従業員では意味を知らない場合がほとんどでしょう．本書では，前章まで“環境負荷”という言葉を使って説明してきましたが，環境負荷とは“環境に与える影響”，つまりここでいう“環境影響”のことで，組織の活動や製品及びサービスによって引き起こされる“結果”を指します．ISO 14001ではこの環境影響を引き起こす“原因”を“環境側面”と呼んでおり，環境側面と環境影響は原因と結果の関係になっているのです．これは，そもそもEMSが環境影響そのものを直接変えようとす

るものではなく，組織の活動や製品及びサービスによって生じる環境影響の原因となる環境側面を管理することで環境影響を小さくすることを目指すという考え方に基づくものであるためで，以降は本解説でも“環境側面”という用語を用いて説明します．

枠内の１項目目にある“組織が管理できる環境側面”とは，組織自身の活動のやり方など，組織が自らの意思だけで変更・修正できるものを指します．これに加えて，原材料などの供給者に環境への配慮を依頼したり，製品の設計を変えることでお客様が使用するときの省エネに貢献したり，使用後のリサイクルをしやすくしたりするなど，組織外で発生する環境影響を低減することにつながる“影響を及ぼすことができる環境側面”があります．今回の 2015 年版では，環境側面の特定にあたって，“ライフサイクルの視点を考慮し”という表現が追加されました．組織は，購入する原材料がどこからどのように自社に到着し，出荷した製品やサービスがどこでどのように使用され，使用後はどこに行くのか，全体の流れを見て“影響を及ぼすことができる”ということを考慮する必要があります．

環境側面が決定したら，その中でも特に重要な環境側面（これを“著しい環境側面”と呼びます）を決定するための“基準”を設定して著しい環境側面を決定します．ここで何をもって“著しい”とするかの基準は，組織が 4.1（組織及びその状況の理解）や 4.2（利害関係者のニーズ及び期待の理解）で得た知識を参考に自分で決定します．

【実践のポイント】

環境側面と著しい環境側面を決定するプロセスが必要です．プロセスのインプットとなる情報とその情報源を明確にして，組織の各部門の代表者などを集めた検討体制をつくり，“著しさの基準”もそこで審議して決定すればよいでしょう．環境影響の大きさなどを科学的に評価することは国立環境研究所ですら難しい課題です．ましてや環境専門家がいない一般の組織で詳細な環境影響評価を実施することは不可能ですので，“著しさの基準”づくりやその適用は，一般社会での常識に則って判断してよいでしょう．ただ，評価メンバーが変わっても結果が大きく変わることのないように，できるだけ客観的な結論が出せるような工夫が必要でしょう．

6.1.1（一般）の解説で，環境側面も“リスク及び機会”の発生源の一つであると述べました．“著しさの基準”に“リスク及び機会”の基準を加えることで，著しい環境側面の決定と，環境側面にかかわる“リスク及び機会”の決定を一括して行うこともできます．あるいは，著しい環境側面の決定には“リスク及び機会”の基準は入れず，別途決定するプロセスとしても構いません．

6.1.3　順守義務

・組織は，次の事項を行う．

a）組織の環境側面に関する順守義務を決定し，参照する．

b）順守義務を組織にどのように適用するか決定する．

c）EMSを確立し，実施し，維持し，継続的に改善するとき，順守義務を考慮に入れる．

・組織は，順守義務に関する文書化した情報を維持する．

・注記：順守義務は，組織に対するリスク及び機会になりうる．

【要求事項のポイント】

3.2節の（7）で説明したように，“順守義務”という用語は従来の版における“法的要求事項及び組織が同意するその他の要求事項”と全く同じ意味です．

順守義務を“組織にどのように適用するか決定する”ということは，単に適用される法規の名称をあげるだけではなく，順守義務が組織のどこに適用され，その義務内容を満たすためにどのような対処が必要か，責任部門と責任者は誰かなど，具体的に対応すべき事項を明確にすることまでが求められます．

【実践のポイント】

6.1.2（環境側面）への対応と同様，ここでもプロセスが必要です．リスク及び機会との関係も，環境側面と同様に一体として決定してもよいし，あるいは分けて決定しても構いません．

6.1.4　取組みの計画策定

・組織は，次の事項を計画する．

a）著しい環境側面，順守義務，**6.1.1** で特定したリスク及び機会への取組み

b）次の事項を行う方法

1）その取組みの EMS プロセス（**6.2**，箇条 **7**，箇条 **8** 及び **9.1** 参照）又は他の事業プロセスへの統合及び実施

2）その取組みの有効性の評価（**9.1** 参照）

・これらの取組みを計画するとき，組織は，技術上の選択肢，並びに財務上，運用上及び事業上の要求事項を考慮する．

【要求事項のポイント】

6.1.1 から 6.1.3 で“リスク及び機会”，“著しい環境側面”，“順守義務”の三つの対処すべき課題を決定したうえで，6.1.4 ではそれらに対する取組みについて具体的に計画することが求められています．

取組みの計画には，b）に（細分）箇条番号が記されているように，環境目標に設定して改善を進める，運用管理の対象とする，緊急事態への準備及び対応の中で扱う，監視及び測定対象として推移を見るなど，様々な対処方法があります．

附属書 A における A.6.1.4（取組みの計画策定）では，“これらの取組みは，労働安全衛生，事業継続などの他のマネジメントシステムを通じて，又はリスク，財務若しくは人的資源のマネジメントに関連した他の事業プロセスを通じて行ってもよい”[2] と説明されています．“著しい環境側面”，“順守義務”，“リスク及び機会”に対する取組みについてもすべて環境部門が担うのではなく，“事業プロセスへの統合”という観点からの計画が求められています．

ここでは，取組みの計画の中で，“その取組みの有効性の評価”の方法の決定も求められることに注意が必要です．また，取組みの計画において，“技術上の選択肢，並びに財務上，運用上及び事業上の要求事項を考慮する”ということは，いかなる取組みの計画においても，経営資源の裏付けが必要であることを意味するものです．例えば，“財務上の要求事項を考慮する”とは，赤字経営が続くような状況なら，設備投資や開発投資をしたくともできないことから，いくら課題が特定されても，経営資源が許す範囲でしか対応はできないということになります．

【実践のポイント】

いくら経営資源が不足していても，法令順守だけは実行しなければ組織は存続できません．法令以外の自主的な順守義務や著しい環境側面，リスク及び機会への取組みは，組織として優先順位を明確にして，経営資源の許す範囲内で現実的な実行計画を立てることが肝要です．現実には実行不可能な計画を形だけつくって結果が出せないよりは，できることを着実に進めていくという姿勢が必要です．

6.2　環境目標及びそれを達成するための計画策定

6.2.1　環境目標

・組織は，著しい環境側面及び関連する順守義務を考慮に入れ，かつ，リスク及び機会を考慮して，関連する機能及び階層で環境目標を確立する．

・環境目標は次の事項を満たすものとする．

- 環境方針と整合している.
- （実行可能な場合）測定可能である.
- 監視する.
- 伝達する.
- 必要に応じて更新する.

・組織は，環境目標に関する文書化した情報を維持する.

【要求事項のポイント】

従来の2004年版では，環境目的（environmental objective）とそれをブレークダウンした環境目標（environmental target）の2段階の設定が要求されていましたが，2015年改訂版では，“environmental objective”の設定だけが求められ，“environmental target”の設定要求はなくなりました．これに伴って，“environmental objective”の定義も変わり，従来の環境目標の定義に近い内容になっています．このため，ISO 14001:2015のJIS化にあたっては，“environmental objective”を“環境目標”と訳すことになりました.

環境目標を確立するときは，6.1.4（取組みの計画策定）で考慮した，“著しい環境側面”，“順守義務”，“リスク及び機会”の中から改善が必要な課題を選択し，課題ごとに達成したい結果をできるだけ定量的に示します.

【実践のポイント】

環境目標を確立するときには，その結果の測定方法を決めておく必要があります．“測定”とは，必ずしも測定器を使って数値として測るだけではなく，定性的な測定，例えばリスクの大小といった評価もあります．定性的な測定には，どうしても主観的な判断（判定）が入ります．例えば，フィギュアスケートの判定などでも，できる限り審判団の判定が客観的になるような判定ルールが定められていますが，主観による判定のばらつきを完全になくすことは不可能です．よって，たとえ主観的な判定が入っても，きちんとルールを決めたうえで評価すれば，それは測定ということができます.

> **6.2.2　環境目標を達成するための取組みの計画策定**
>
> ・組織は，環境目標の達成のための計画において次の事項を決定する．
>
> － 実施事項，必要な資源，責任者，達成期限，結果の評価方法（これには目標達成に向けた進捗を監視するための指標を含む）
>
> ・組織は，環境目標達成のための取組みを組織の事業プロセスにどのように統合するかを考慮する．

【要求事項のポイント】

環境目標に対しては，その目標ごとに誰が責任をもって，何を使って（必要な資源），どういったことを（実施事項），いつまでにやるのか，実行計画を策定しなければなりません．

この計画の中で，6.1.1（一般）の実践のポイントで述べたように，“結果の評価方法”も決めなければなりません．これに関連して，“指標を含む”ということが明記されています．ここでいう“指標”とは，例えば“売上高1億円当たりに使用する電力量（電力量／売上高）”というような“測定可能な表現”のことです．また，環境目標の達成計画についても事業プロセスへの統合方法の検討が求められています．これについては，以下の実践のポイントで述べます．

【実践のポイント】

環境目標は，できるだけ簡単に測定でき，適切な指標を決められるような形で確立することをお勧めします．指標を設定して進捗を評価するには，指標の基準となる値（例えば2012年度の実績値による数値）を明確にして，それに対してどの程度改善したか，逆に悪化したか，一目でわかるようなものとしておくと管理も楽になるでしょう．

環境目標の中には，様々な事業プロセスの中での取組みの一部として実施されるものがあっても構いません．例えば，全社物流効率化プロジェクトが始まるとき，物流に伴うCO_2排出を削減する環境目標をプロジェクトの目標の一つに加えて推進したり，労働安全衛生マネジメントシステムの中で，リスクの高い化学物質をより安全な物質に切り替えるといった環境目標を進めることなども考えられます．

7. 支援

7.1　資源

・組織は，EMSの確立，実施，維持及び継続的改善に必要な資源を決定し，提供する．

【要求事項のポイント】

この要求事項はMSS共通要素によるもので，EMS固有の追加要求事項はありません．2004年版では，上記と同じ内容（表現は少し違います）の要求事項に加えて，"資源には，人的資源及び専門的な技能，組織のインフラストラクチャー，技術，並びに資金を含む" [3)]と記載されていました．2015年改訂版では，こうした内容は附属書AのA.7.1（資源）に記載されています．

【実践のポイント】

7.1に関する追加説明はありません．

7.2　力量

組織は，次の事項を行う．

・組織の環境パフォーマンス及び順守義務を満たす組織の能力に影響を与える業務を組織の管理下で行う人（又は人々）の力量を決定する．

・適切な教育訓練又は経験に基づいてそれらの人々が力量を備えていることを確実にする．

・環境側面及びEMSに関する教育訓練のニーズを決定する．

・必要な力量獲得の処置をとり，その有効性を評価する．

・注記：力量獲得の処置には，教育訓練，指導，配置転換，力量を備えた人の雇用，そうした人々との契約締結などもある．

・組織は，力量の証拠として，文書化した情報を保持する．

【要求事項のポイント】

ここでは，EMSに必要な力量について規定しています．2004年版では"著しい環境影響の原因となる可能性をもつ作業を実施する人"に対して力量が求められていましたが，ISO 14001:2015では"組織の環境パフォーマンス及び順守義務を満たす組織の能力に影響を与える業務を組織の管理下で行う人（又は人々）"に対して必要な力量の決定が求められます．

これが具体的にどういった人を指すのかについては，附属書AのA.7.2（力量）において，EMSに関する責任を割り当てられた人や，環境影響又は順守義務を決定し評価する人，内部監査員などが例示されています．EMSに必要な力量が組織内部に不足している場合についても，教育訓練をはじめとして，力量ある人の配置転換や中途採用，外部委託など，様々な対応策があることが注記として例示されています．

【実践のポイント】

組織内の誰が，どのような力量を，どの程度もつべきかは組織が決めることです．3.2 節の（2）の“プロセス”についての説明で述べたように，“力量”はすべてのプロセスが確実に運用できるための基本的な要素の一つです．7.2 で要求される力量は，あくまで EMS に関する力量ですから，EMS に関係する人々の中で，特に重要な役割を担う人々に対して，その役割ごとに必要な力量の基準を定めておくとよいでしょう．力量の基準とは，保有すべき知識，資格，実務経験などに関する規定です．

7.3　認識

・組織は，組織の管理下で働く人々が次の事項に関して認識をもつことを確実にする．

a）環境方針

b）自分の業務に関係する著しい環境側面及びそれに伴う顕在する又は潜在的な環境影響

c）EMS の有効性に対する自らの貢献

d）組織の順守義務を満たさないことを含む，EMS 要求事項に適合しないことの意味

【要求事項のポイント】

認識をもたなければならない“組織の管理下で働く人々”とは，2004 年版の“組織で働く又は組織のために働く人々”[3)]と全く同じ意味で，請負者なども含みます．

d）で，“組織の順守義務を満たさないことを含む，EMS の要求事項に適合しないことの意味”を認識するように規定されています．組織の順守義務には，法的義務だけでも多数あると思われますが，それらのすべてを組織内の全員が

認識する必要はありません．あくまで，個々の従業員が担当している業務に関係するものだけを認識すればよいのです．

【実践のポイント】

組織は7.3の要求を満たすような“プロセス”を計画し，実施する必要があります．“組織の管理下で働く人々”がここで規定される要求事項に合致した認識をもっていなかった場合，それはこれらの人々の責任ではなく，組織のプロセスに問題があるのです．

7.4　コミュニケーション

7.4.1　一般

・組織は，次の事項を含む，EMSに関する内部及び外部コミュニケーションに必要なプロセスを確立し，実施し，維持する．

－　コミュニケーションの内容，実施時期，対象者，方法

・コミュニケーションプロセスを確立するとき，組織は，順守義務を考慮に入れ，伝達される環境情報がEMSで作成される情報と整合し，信頼性があることを確実にする．

・組織は，EMSについての関連するコミュニケーションに対応する．

・組織は，必要に応じて，コミュニケーションの証拠として，文書化した情報を保持する．

【要求事項のポイント】

組織には，内部及び外部のコミュニケーションのためのプロセスが求められており，そのプロセスを計画するときに順守義務を考慮しなければなりません．

最小限の順守義務として，環境関連法規によって求められる環境情報の報告や届け出などの義務があります．例えば，省エネ法による定期報告や中長期報告，廃棄物処理法による報告，さらには地方自治体の条例による“温暖化対策計画”の提出などがあるでしょう．

こうした法令に基づく環境情報の行政への提出も“外部コミュニケーショ

ン”の一部ですから，EMS で管理することが求められます．“環境情報が EMS で作成される情報と整合し，信頼性があることを確実にする”という要求事項を満たすように伝達される環境情報の管理のルールを定めることが必要です．7.4.1 の要求事項は，この後に続く 7.4.2（内部コミュニケーション）及び 7.4.3（外部コミュニケーション）まで及ぶものです．

【実践のポイント】

組織が行う環境コミュニケーションには，行政への報告だけでなく，一般社会に向けた環境報告書の公開や，お客様に対する製品の環境配慮事項に関する説明，投資家に対する組織の環境への取組み全般にわたる情報開示，サプライヤーに対する環境関連の要求の提示など，様々なものがあります．

環境コミュニケーションを担うのは環境部門だけではありません．一般社会に対しては広報部，お客様には営業部，サプライヤーには資材部，といったように相手によって対応する部門も様々でしょう．したがって組織の規模にもよりますが，コミュニケーションプロセスも対象別とすることもあるかもしれません．また，法令に基づく環境情報は，コミュニケーションプロセスではなく，法令順守のプロセスの中で実施することもあるでしょう．コミュニケーションのためのプロセスは，組織が最も適切と思う形で自由に決めればよいのです．

7.4.2　内部コミュニケーション

・組織は，次の事項を行う．

a）必要に応じて，EMS の変更を含め，EMS に関連する情報について，組織の種々の階層及び機能間で内部コミュニケーションを行う．

b）組織の管理下で働く人々が継続的改善に寄与できるようなコミュニケーションプロセスを確実にする．

【要求事項のポイント】

枠内の a）は 2004 年版の要求事項と同じで，EMS に関する組織内の連絡や報告のルールを決めて，それに沿って実施することが必要です．b）は組織内の人々がEMS活動に参加，貢献できるような仕組み（プロセス）の整備を求めています．

【実践のポイント】

組織内の人々がEMS活動に参加，貢献できるような仕組みの例としては，各職場に“提案ボックス”を設置して，誰でもEMSに関する意見や提案を出せるようにしたり，社内のイントラネットによる意見・提案収集の仕組みのようなものを整備することが考えられます．

7.4.3　外部コミュニケーション

・組織は，コミュニケーションプロセスで確立したとおりに，かつ，順守義務による要求に従ってEMSに関連する情報について外部コミュニケーションを行う．

【要求事項のポイント】

ここでの要求事項は，7.4.1で計画したとおりに外部コミュニケーションを実施することを求めています．“順守義務による要求に従って”という記載の意味についても7.4.1の解説を参照してください．

【実践のポイント】

実践のポイントも7.4.1で述べた事項を参照してください．

7.5　文書化した情報

7.5.1　一般

・組織のEMSは，この規格が要求する文書化した情報，EMSの有効性のために組織が必要と決定した文書化した情報を含む．

7.5.2　作成及び更新

・文書化した情報を作成及び更新するとき，組織は適切な識別及び記述，適切な形式，適切性及び妥当性に関するレビュー及び承認を確実にする．

7.5.3　文書化した情報の管理

・文書化した情報は，次の事項を確実にするために管理する．
　－　文書の入手及び利用可能性と十分な保護
　－　配布，アクセス，検索及び利用，保管及び保存，変更管理，保持及び廃棄
・外部からの文書化した情報に必要な識別と管理．

【要求事項のポイント】

“文書化した情報（documented information）”という用語はMSS共通要素によって導入されたもので，従来の文書，文書類，記録という言葉をすべて置き換えるものとして使用されています．この用語を採用した理由については，3.2節の（10）の解説を参照してください．

7.5はすべて（7.5.1～7.5.3）MSS共通要素による規定だけで，EMS固有の要求事項の追加はありません．内容的には文書・記録管理の基本事項が規定されています．

【実践のポイント】

2004年版の“文書類”（4.4.4）では，“EMSの主要な要素，それらの相互作用の記述，並びに関係する文書の参照”[3]という表現で，いわゆる“環境マニュアル”（規格上の表現は，EMS文書）を求める規定があり，ISO 9001:2008でも“品質マニュアル”が要求されていましたが，今回の2015年改訂によって，14001，9001ともに“マニュアル”の要求事項は姿を消しました．

しかし，7.5.1 に規定されているように，EMS の有効性のために組織が必要と決定すれば，環境マニュアルのようなものを継続することに全く問題はありません．

8. 運用

8.　運用

8.1　運用の計画及び管理

・組織は，次に示す事項の実施によって，EMS 要求事項を満たすため，並びに **6.1** 及び **6.2** で特定した取組みのためのプロセスを確立し，実施し，管理し，維持する．

　－　プロセスの運用基準を設定し，それに従ってプロセスを管理する．

・組織は，計画の変更を管理し，計画の変更で生じた結果をレビューし，必要に応じて，有害な影響を緩和する処置をとる．

・組織は，外部委託したプロセスが管理又は影響を及ぼされていることを確実にする．これらのプロセスに適用される，管理する又は影響を及ぼす方式及び程度は EMS で決定する．

・ライフサイクルの視点に従って，組織は，次の事項を行う．

　a）必要に応じ，製品及びサービスに対して，そのライフサイクルの各段階を考慮して，環境上の要求事項が設計及び開発プロセスで対処されることを確実にする．

　b）必要に応じ，製品及びサービスの調達に対する環境上の要求事項を決定する．

　c）環境上の要求事項を，請負者を含む外部提供者に伝達する．

　d）製品及びサービスの輸送又は配送（提供），使用から最終処分に至る，潜在的な著しい環境影響に関する情報提供の必要性を考慮する．

・組織は，プロセスの計画どおりの実施を確信するために必要な程度の文書化した情報を維持する．

【要求事項のポイント】

まず，規格の要求事項と 6.1（リスク及び機会への取組み）及び 6.2（環境目標及びそれを達成するための計画策定）で決定した取組みを実施するために必要なプロセスの計画，実施，管理が求められています．

4.4（環境マネジメントシステム）で要求される“プロセス及びその相互作用”を含む EMS の確立と，この 8.1 での包括的なプロセスに関する要求事項によって，ISO 14001:2015 の細分箇条でプロセスの計画及び実施についての要求が記載されていなくとも，すべての要求事項に対してそれを実施するためのプロセスが求められることになります．このことは既に 4.1（組織及びその状況の理解）や 7.3（認識）の要求事項の解説でも説明したとおりです．

ISO 14001:2015 では，外部委託（アウトソース）したプロセスに対しても管理又は影響を及ぼすことが求められていますが，管理又は影響を及ぼす具体的な方法は組織が決めることができます．外部委託した業務の環境負荷の大きさや，組織にとってのリスクの大きさなどに応じて，管理する又は影響を及ぼす方法は違ってくるでしょう．

4 項目目に，“ライフサイクルの視点に従って，次の事項を行う”として a) から d) に示す四つの事項がリストアップされています．これらは，組織の外部に対する管理又は影響を及ぼすべき事項を列挙したものです．組織が使用する原材料などの購入先や，組織が出荷する製品などが配送され，使用され，最終的に廃棄される段階まで，管理又は影響を及ぼす必要性や可能性について検討し，必要に応じて，できる範囲で実行することが求められています．

【実践のポイント】

組織の，外部に対する管理や影響を及ぼすといった働きかけは，組織の立場や業種，規模などによって違い，一律に要求できるものではありません．そのため，この部分の要求事項は極めて一般的な規定となっており，具体的な実施事項については，基本的に組織が自主的に決定すればよいでしょう．

8.2 緊急事態への準備及び対応

・組織は，**6.1.1** で特定した潜在的な緊急事態への準備及び対応するためのプロセスを確立し，実施し，維持する．

・組織は，次の事項を行う．

a) 緊急事態からの有害な環境影響を防止又は緩和するための処置を計画して対応を準備する．

b) 実際の緊急事態に対応する．

c) 緊急事態及びその潜在的な環境影響の大きさに応じて，緊急事態による結果を防止又は緩和するための処置をとる．

d) 可能な場合，計画した対応処置を定期的にテストする．

e) 定期的に，また緊急事態の発生後又はテストの後には，プロセス及び計画した対応処置をレビューし，見直す．

f) 必要に応じ，緊急事態への準備及び対応についての関連する情報及び教育訓練を，組織の管理下で働く人々を含む，関連する利害関係者に提供する．

・組織は，プロセスの計画どおりの実施を確信するために必要な程度の文書化した情報を維持する．

【要求事項のポイント】

2004年版の4.4.7（緊急事態への準備及び対応）では，緊急事態の特定と，それに対する準備と対応が一括して要求されていましたが，今回の2015年改訂版では，緊急事態の特定については，計画段階の6.1（リスク及び機会への取組み）で要求され，ここでは“準備と対応”についてだけが規定されています．

2004 年版における緊急事態は，環境に著しい影響を与えるような事故や事態でしたが，2015 年版では，6.1.1（一般）に規定されているように，環境への影響は著しくなくとも，組織に対して大きな影響を与える可能性があるような，環境に関係した事件や事態も緊急事態になりえます．例えば，製品の環境性能に関して事実と違う表示をしてしまい，それに対し行政の指摘を受けて至急訂正したことを速やかに社会に周知しなければならない，というような事態は，ここでいう緊急事態に該当することになります．

【実践のポイント】

緊急事態としてどこまでを想定するべきかについて一律の規定はありませんので，基本的に組織が決めることができます．どのような緊急事態であっても，まずは組織内外の関係先に速やかに連絡し，事態の大きさ，深刻さに応じた組織内の対応体制の立上げと責任者の明確化が必要でしょう．大きな事故でなくとも，組織内の連絡や連携が悪く，対応が後手後手に回った結果，小さな事件のはずが社会的な大事件になってしまうケースも見られます．様々なタイプの緊急事態がありうることから，どのような事態が起こっても速やかに対応ができるように，事前に組織内の基本的な連絡体制や責任者などの対応ルールを決めておくことが肝要です．

9. パフォーマンス評価

9.1 監視，測定，分析及び評価

9.1.1 一般

・組織は，その環境パフォーマンスを監視し，測定し，分析し，評価する．

・組織は，次の事項を決定する．

– 監視及び測定が必要な対象

– 監視，測定，分析及び評価の方法

– 組織が環境パフォーマンスを評価するための基準及び適切な指標

– 監視及び測定の実施時期

– 監視及び測定の結果の，分析及び評価の時期

・組織は，校正又は検証された監視及び測定機器が使用され，維持されていることを確実にする．

・組織は，環境パフォーマンス及びEMSの有効性を評価する．

・組織は，関連する環境パフォーマンス情報について，内部と外部双方のコミュニケーションを行う．

・組織は，監視，測定，分析及び評価の結果の証拠として，適切な文書化した情報を保持する．

【要求事項のポイント】

2004年版では“監視及び測定”（4.5.1）というタイトルで要求事項が規定されていましたが，ISO 14001:2015では“監視，測定，分析及び評価”と変更されました．これは，“監視及び測定”は，それ自体が目的なのではなく，監視及び測定の結果を“分析及び評価”してこそEMSの改善につながるからです．ここでは，“監視及び測定”の対象，方法及び時期を決定するだけでなく，“分析と評価”の方法及び実施時期も決定しなければなりません．

それらに加えて，“組織が環境パフォーマンスを評価するための基準及び適切な指標”の決定が求められています．これは，環境目標に対する指標に加えて，運用管理や順守義務の管理などに必要な環境パフォーマンス情報全般に対

する分析及び評価のために，指標とその評価基準の設定を求めるものです．この要求事項に沿って運用管理の環境パフォーマンスを指標化し，基準を明確にすることで，EMS が有効に運用されているかどうかの評価が容易にできるでしょう．

【実践のポイント】

すべての環境パフォーマンス情報を指標化する必要はありません．EMS の有効性を判定するための重要な指標（KPI：重要パフォーマンス指標）を明確にしておくとよいでしょう．環境報告書などで環境パフォーマンス情報を公開している組織では，情報開示のための指標と，内部管理のための指標を同じものとしておけば業務も簡素化されます．

9.1.2　順守評価

・組織は，順守義務を満たしていることを評価するために必要なプロセスを確立し，実施し，維持する．

・組織は，次の事項を行う．

a）　順守を評価する頻度を決定する．

b）　順守を評価し，必要な場合には，処置をとる．

c）　順守状況に関する知識及び理解を維持する．

・組織は，順守評価の結果の証拠として，文書化した情報を保持する．

【要求事項のポイント】

2004 年版では“定期的”な順守評価が求められていましたが，今回の 2015 年改訂版では評価の頻度は組織が決定するという形に変わりました．b）の“必要な場合”とは，順守義務違反が検出された場合を指しており，“処置をとる”とは順守義務を満たすように必要な是正を行うことです．法規制違反の場合には，行政への自主的な報告や，行政の指示を受けて是正するというようなものが含まれることもあるでしょう．

また，c）に“知識及び理解を維持する”という表現があります．これは，順守を評価する人が，評価対象となる順守義務の内容とその組織への適用について評価できる力量をもったうえで順守評価を実施し，組織の順守状況（実態）に関する最新の知識を常にもっているということを意味しています．こうした状態が実現できるように，順守評価のプロセスを計画し，実施することが肝要です．

【実践のポイント】

順守義務の大きな部分を占める法的要求事項はますます頻繁に制定・改正が行われており，順守義務の評価者は常に法的要求事項の内容について最新の知識を入手して順守評価を行わなければなりません．順守義務の中には，7.4（コミュニケーション）で規定されるような環境情報の報告も含まれます．コミュニケーションのためのプロセスの中で，順守義務に関連する部分は順守評価の対象としなければなりません．また，順守評価にはよくチェックリストが使用されます．チェックリストを使用するのはいいのですが，順守評価者は机上の情報だけで評価するのではなく，実際の現場，現物，現実を確認したうえで評価を行うことが期待されています．

9.2　内部監査

9.2.1　一般

・組織は，EMS が次の状況にあるかどうかに関する情報を提供するため定期的に内部監査を実施する．

　a）次の事項への適合．

　　－　EMS に関して組織が規定した要求事項

　　－　この規格の要求事項

　b）有効に実施され，維持されている．

9.2.2　内部監査プログラム

・組織は，プロセスの環境上の重要性，組織に影響を及ぼす変更及び前回までの監査結果を考慮に入れて，内部監査プログラムを確立し，実施し，維持する.

・組織は，次の事項を行う.

a）各監査の監査基準・監査範囲の明確化

b）監査プロセスの客観性及び公平性を確保するための，監査員の選定と監査の実施

c）監査結果の管理層への報告

・組織は，監査プログラムの実施及び監査結果の証拠として，文書化した情報を保持する.

【要求事項のポイント】

内部監査とは，組織が策定した仕事のルールや計画が，関係する業務の中で正しく実行されているかどうか，実行する人々とは直接のかかわりがない立場の人々が確認することです．このとき，単に手順書や計画書があることだけでなく，結果が得られるように実行されている［9.2.1 b）の“有効に実施され，維持されている”］というところまで確認しなければなりません.

内部監査は，監査プログラムと監査基準を定めて行う必要があります．また，監査結果は対象業務の責任者に報告するとともに，組織の経営層にも報告し，問題点の改善につなげていきます.

【実践のポイント】

内部監査チームは，監査する相手とは独立した立場から公平な評価ができる人々で構成する必要があります．例えば環境部門が組織内の他の部門を監査し，

環境部門の業務は他の部門（例えば品質保証部門や業務監査部門など）に実施してもらうといった形をとるとよいでしょう．

内部監査は一回ですべてを監査する必要はなく，業務（部門）ごと，あるいはテーマごと（環境目標への取組み状況や法令順守など）に分割して複数回ですべてを監査するという形をとることも可能です．こうした監査の方法については，“監査プログラム”で定めます．

9.3　マネジメントレビュー

・トップマネジメントは，定期的にEMSをレビューする．

・マネジメントレビューは，次の事項を考慮する．

a）前回までのマネジメントレビュー結果に対する処置の状況

b）次の事項の変化

1）EMSに関連する外部及び内部の課題

2）順守義務を含む，利害関係者のニーズ及び期待

3）著しい環境側面

4）リスク及び機会

c）環境目標の達成度

d）次に示す傾向を含む環境パフォーマンスに関する情報

1）不適合及び是正処置

2）監視及び測定の結果

3）順守義務を満たすこと

4）監査結果

e）資源の妥当性

f）苦情を含む，利害関係者からのコミュニケーション

g）継続的改善の機会

・マネジメントレビューからのアウトプットには，次の事項を含む．

－　EMSの適切性，妥当性及び有効性に関する結論

– 継続的改善の機会に関する決定
– 資源を含む，EMS の変更の必要性に関する決定
– 必要な場合，環境目標が達成されていない場合の処置
– 必要な場合，他の事業プロセスへの EMS の統合を改善する機会
– 組織の戦略的方向性に関する示唆

・組織は，マネジメントレビューの結果の証拠として，文書化した情報を保持する．

【要求事項のポイント】

マネジメントレビューの目的は，トップマネジメントが，EMS が環境方針や自ら定めた取組みの計画に沿って実行されているかを定期的に確認するとともに，組織の置かれている状況の変化に対応して環境方針や取組みの計画の見直しを行うことで，継続的改善を進めていくことにあります．

【実践のポイント】

2004 年版では，EMS による取組みの結果を確認して，結果が思わしくない部分を改善するということがレビューする項目の中心でしたが，2015 年改訂版では，この b）に列挙されている事項の“変化”をレビューし，より根本的な見直しをすることに重点が移っています．

世の中の変化のスピードがますます速くなっている現代では，“リスク及び機会”は時々刻々変わってきます．EMS も時代の変化に沿って変わっていかなければなりません．

このため，マネジメントレビューには必ずトップマネジメントが参画し，しっかりとEMSを取り巻く状況と実態を確認したうえで具体的な指示を出すことが不可欠です．マネジメントレビューがしっかりと実施されなければEMSはすぐに形骸化してしまうでしょう．

10. 改善

10.1 一般

・組織は，EMSの意図した成果を達成するために，改善の機会を決定し，必要な取組みを実施する．

【要求事項のポイント】

MSS共通要素の箇条10は“不適合及び是正処置”から始まっていますが，この箇条で規定する“改善”一般に関する包括的要求事項が必要であるとして，ISO 14001:2015ではこの10.1が導入されました．ISO 9001:2015でも同様の追加がなされており，箇条10の構成は両規格で整合したものとされています．

【実践のポイント】

改善には，是正処置や継続的改善に向けた取組みがありますが，さらに，事業プロセスや技術の革新，組織の変革なども考えられます．

10.2 不適合及び是正処置

・不適合が発生した場合，組織は，不適合に対処し，次の事項を行う．
  - 不適合を管理し，修正処置をとる．
  - 有害な環境影響の緩和を含め，その不適合によって起こった結果に対処する．
・不適合をレビューし，その原因を明確にする．
・類似の不適合の有無，その発生の可能性を明確にする．
・必要な処置を実施し，とった是正処置の有効性をレビューする．

・必要な場合，EMS の変更を行う．
・組織は，不適合の性質及びそれに対してとった処置や是正処置の結果の証拠として，文書化した情報を保持する．

【要求事項のポイント】

ここでいう“不適合”とは，規格の要求事項に合致しないことだけでなく，組織が EMS に関して定めたルールや取組みの計画などが実行されていないことも含んでいます．

不適合発生時には，まず対処し，真の原因を明確にしてそれを除去し，再発防止の処置をとることが求められています．不適合が見つかり，その原因究明を通じて計画段階では想定できなかった新たな課題（ヒューマンエラーやシステムエラー）に気付くといったことはよくあることです．枠内の 3 項目目に，“類似の不適合の有無，又はそれが発生する可能性を明確にする”と要求されているのは，このような場合を想定したものです．

“類似の”という表現の解釈は組織に任されていますが，失敗の教訓を活かすためには，できるだけ広く解釈し，起こった問題を処理するだけでなく，同じような種類の問題の発生の可能性に対して事前に手を打っておく（予防処置をとる）ことが望まれます．

【実践のポイント】

“失敗は成功の母”とよくいわれます．“不適合”はまさに失敗ですから，二度と同じような失敗を繰り返さないことが肝要です．失敗したことを恥ずかしがって他の部門や事業所などに対して隠してしまうと，今度は別の部門や事業所で同じ失敗をしてしまうかもしれません．失敗（不適合）の事例やそれらへの対処の経験は，組織内で情報を共有できるような仕組みにしておくとよいでしょう．

10.3　継続的改善

・組織は，環境パフォーマンスを向上させるために，EMSの適切性，妥当性及び有効性を継続的に改善する．

【要求事項のポイント】

“有効性”とは，“計画した活動を実行し，計画した結果を達成した程度”[2]と定義されています．また“パフォーマンス”は“測定可能な結果”[2]と定義されています．したがって，ここでいう“有効性を継続的に改善する”とは，“環境パフォーマンス”が次第に改善されるということと同じ意味になります．本書3.2節の（6）に記載した“環境パフォーマンスの重視”を象徴する要求事項といえるでしょう．

【実践のポイント】

EMSが有効に運用されていれば，環境目標をはじめ，その他の取組みの計画もやがて達成されます．そのときはまた新たな取組みや目標を設定して継続的にPDCAサイクルを回していきます．社会，法律，技術はどんどん変わっていきますので，EMSの取組みについて“やることがなくなる”といった心配は必要ないでしょう．

3.4　審査登録制度

本書第1章のQ&Aでも触れたように，“ISO 14001認証取得”といった表現を新聞や広告等で見かけたことのある読者は多いと思います．これは，組織の環境マネジメントシステム（EMS）がISO 14001の要求事項に適合していることが第三者の審査登録機関（認証機関）による審査で認められ，その機関の登録簿に登録されたことを意味しています．本節では，この審査登録制度（認証制度）の概要について審査員評価登録制度を含めて説明します．

（1）　認定・認証制度

ISOで発行するマネジメントシステム規格（MSS）のうち，第三者による認証の対象となっている規格は，本書で解説している ISO 14001 に加えて，ISO 9001（品質マネジメントシステム），ISO/IEC 27001（情報セキュリティマネジメントシステム），OHSAS 18001（労働安全衛生マネジメントシステム），ISO 22000（食品安全マネジメントシステム），ISO 22301（事業継続マネジメントシステム）など多数ありますが，認証発行件数の多さなどから，ISO 9001 と ISO 14001 が代表的なものとしてあげられます．

1990 年代前半ごろから ISO 9001 による審査登録制度が広まると，それに呼応するかのように次々と審査登録機関が設立されました．しかし，多数存在するそれらの機関のそれぞれが必ずしも同じようなレベル・内容で審査するとは限らないため，ユーザーに代わってそれらの能力をチェックする必要が生じました．その結果，審査登録機関の能力を評価する“認定”という考えが導入されました．認定は ISO の政策開発委員会の一つである CASCO（適合性評価委員会）で作っている ISO/IEC 17021［規格名称は（2）参照］に基づいて行われます．

(2)　認定機関・審査登録機関

ISO 14001 に関する認定機関は，基本的に各国にそれぞれ一つだけあります（参考 4 を参照）．日本では，(公財) 日本適合性認定協会（JAB）が国内の多くの審査登録機関を認定しています（参考 5 を参照）が，JAB のほかに英国の認定機関（UKAS）やオランダの認定機関（RvA）などに認定された審査登録機関もあります．

認定機関が審査登録機関を審査するための基準は，前出の CASCO の次の規格がベースになっています．

・ISO/IEC 17000:2004（JIS Q 17000:2005）　適合性評価―用語及び一般原則

・ISO/IEC 17011:2004（JIS Q 17011:2005）　適合性評価―適合性評価機関の認定を行う機関に対する一般要求事項

・ISO/IEC 17021:2011（JIS Q 17021:2011）　適合性評価―マネジメントシステムの審査及び認証を行う機関に対する要求事項

認定・認証の仕組みと関係する組織が守るべきこれらの規格との関係を図3に示します.

なお，供給者による（自己）適合宣言のための規格には，次の規格があります.

・ISO/IEC 17050-1:2004（JIS Q 17050-1:2005）　適合性評価―供給者適合宣言―第1部：一般要求事項

・ISO/IEC 17050-2:2004（JIS Q 17050-2:2005）　適合性評価―供給者適合宣言―第2部

があります.

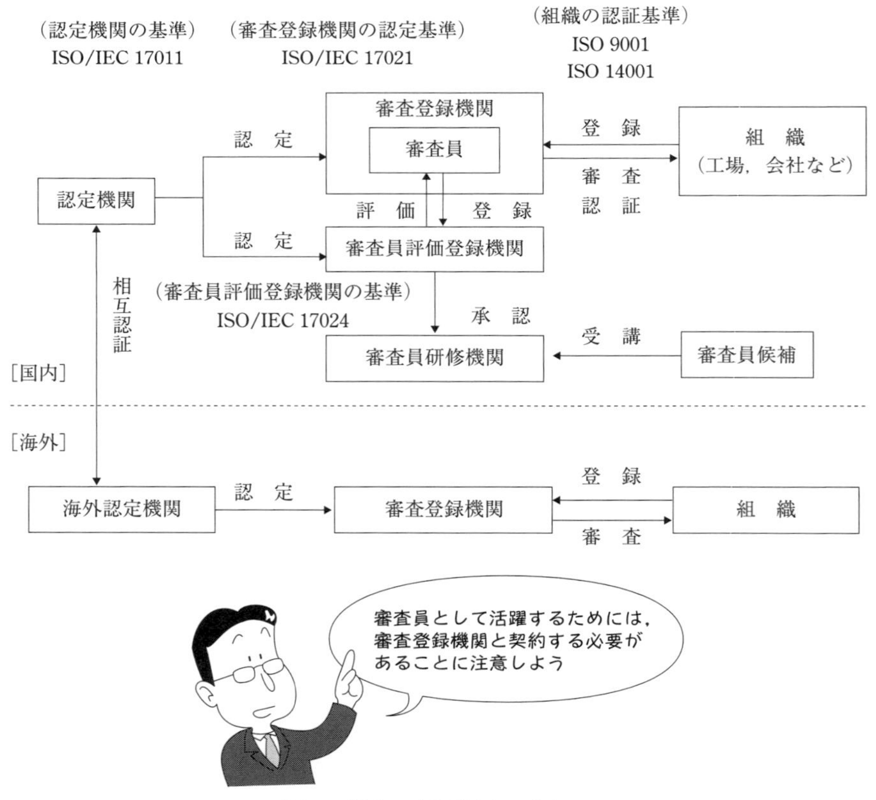

図3　認定・認証制度の仕組み

(3)　審査登録機関の審査員の資格及び審査員評価登録制度

前述のとおり，ISO 14001 認証取得を目指す組織は第三者の認証機関による審査を受ける必要がありますが，この審査を行うのが“審査員”と呼ばれる人々です．日本には，JAB が認定した審査員評価登録機関の評価を受けて合格し，審査員として登録してもらう制度（審査員評価登録制度）があります．この制度では，評価を受ける際の条件として，審査員評価登録機関が承認した研修機関で研修を受け，研修コースを修了している必要があります．審査員評価登録機関は認証基準となる規格によっても異なり，ISO 14001 の審査員評価登録機関は一つだけですが，研修機関は複数あります．

審査員評価登録の基準は ISO 19011:2011（JIS Q 19011:2012）“マネジメントシステム監査のための指針”をベースとしています．ISO 14001 の審査員評価登録機関として，(一社) 産業環境管理協会内の環境マネジメントシステム審査員評価登録センター（CEAR/JEMAI）が評価登録を行っており，2015 年 10 月時点で主任審査員，審査員，審査員補を合わせて 5,459 人が登録されています（審査員評価登録制度の仕組みは図 3 を参照）．

(4)　審査員の種類

審査員には，主任審査員，審査員，審査員補の 3 種類があります．ただし，審査員評価登録機関に登録されたからといって，すぐ審査チームに入れるわけではなく，審査登録機関と何らかの契約を別途結ぶ必要があります．審査員補については，正式な審査員としての活動は認められず，審査経験を積むための

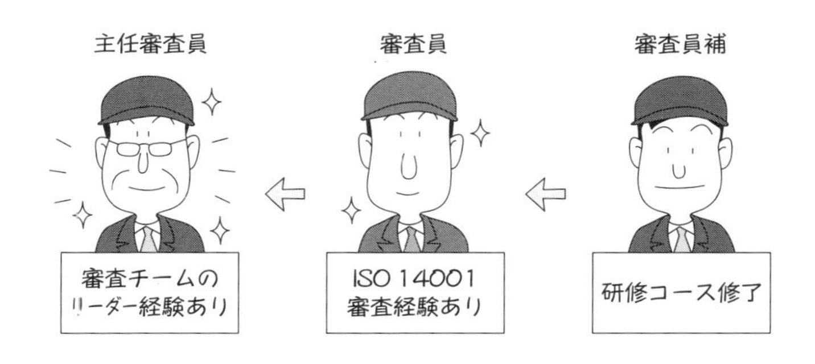

機会を得ることを目的に実際の審査チームへの参加が認められます．ISO 14001に関する知識や実際のISO 14001審査の経験を有する人が審査員として認められ，さらに審査チームのリーダーとしての経験を積んだ人が主任審査員として認められます．審査評価機関の基準により，審査チームには主任審査員が含まれている必要があります．

(5) 実際の審査の例と旧版からの移行

認証取得のための実際の審査は，審査対象の組織に合わせて，現地に赴く審査員の数や審査日数（審査対象によって1日から数日）が決められます．図4に示すとおり，審査は通常，そもそも審査に値するだけの準備が整っているかどうかの確認から始まります（環境マネジメントシステム文書提出・第1段階登録審査）．第1段階登録審査が問題ない場合，次の審査に移ります（第2段階登録審査）．第2段階登録審査では，ISO 14001の要求事項に見合ったルールが作られ，かつ実行されているかどうかが調べられます．作業としては，ルールを記載したもの（文書など）のチェック，現場査察及び関係者へのヒアリングがあります．

初めて認証を取得するための審査のほか，認証取得した後には，1年ごとに行われる維持審査（サーベイランス）と3年ごとに行われる再認証審査（注：登録の有効期限は3年）とがあります．

また，ISO 14001はこのたび2015年版に改訂されましたが，既に旧版の2004年版でISO 14001の認証を取得している組織は，決められた期間内に2015年版の新規格に対応した状態にしなければなりません．この旧規格から新規格への見直しを含む対応を，一般に“移行”といい，今回のISO 14001:2015では，規格が発行された日（2015年9月15日）から3年間を移行期間とすることが，認定機関の国際的な集まりである国際認定機関フォーラム（IAF）で取り決められています．

受審中の注意としては，審査員と受審側は対等の立場であることを認識したうえで，自信をもって明確に答える，疑問点は率直に尋ね，意見が異なるときは議論することなどがあげられます．

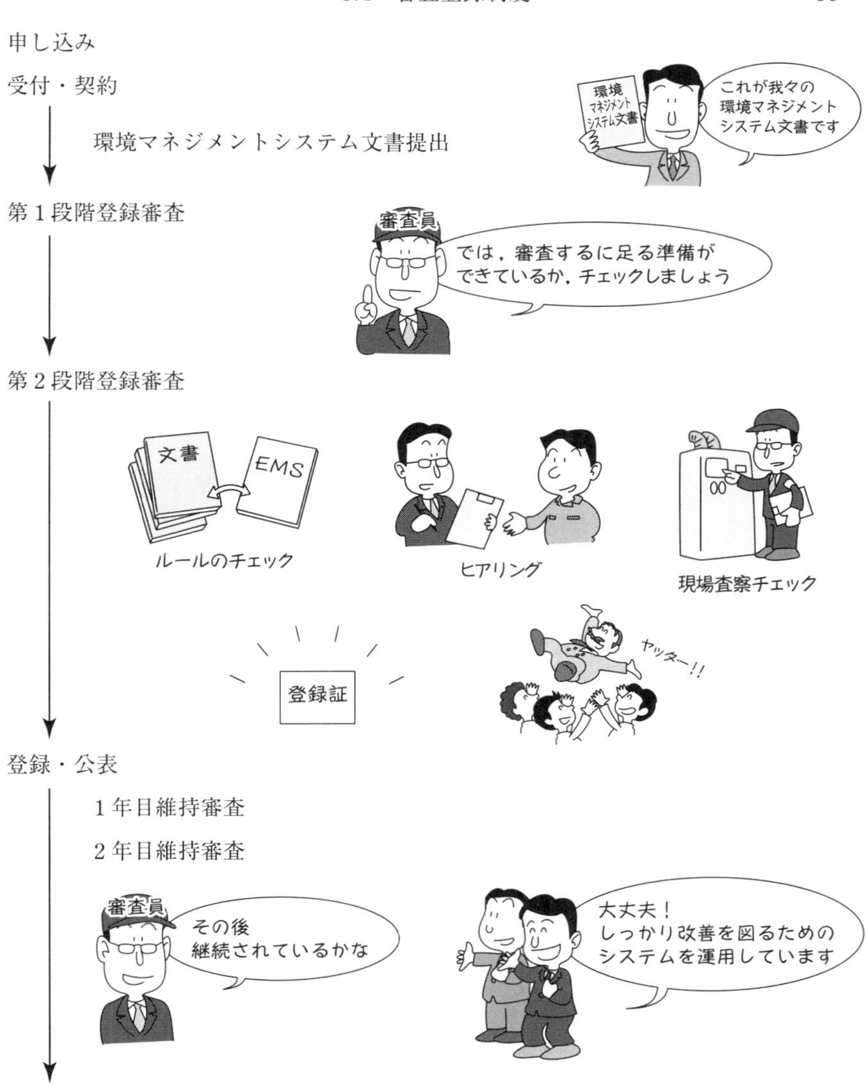
申し込み
受付・契約
環境マネジメントシステム文書提出
環境
マネジメント
システム文書
これが我々の
環境マネジメント
システム文書です
第1段階登録審査
審査員
では，審査するに足る準備が
できているか，チェックしましょう
第2段階登録審査
文書
EMS
ルールのチェック
ヒアリング
現場査察チェック
登録証
ヤッター!!
登録・公表
1年目維持審査
2年目維持審査
審査員
その後
継続されているかな
大丈夫！
しっかり改善を図るための
システムを運用しています
再認証審査

図4　審査・登録の手順（例）

(6)　複合審査／統合審査

品質マネジメントシステムや労働安全衛生マネジメントシステムなど，他のMSSとの複合審査というアプローチは，基本的には審査時期を一緒にすることですが，場合によってはマニュアルの統合，文書体系の統一を行ったうえでの統合・合同審査という形でも行われています．このような形の審査は，審査に要する費用や時間の圧縮につながります．

(7)　認証取得後の対応

前述のとおり，いったん認証を取得すると毎年維持審査があり，3年ごとに再認証審査を受ける必要があります．最初のうちはともかく，EMSの改善という視点で見た場合にそんなに毎年やることがあるのだろうかと思われるかもしれません．そのように感じたときは，次のような点に注意して，繰り返し審査を受ける意味を確認してみてください．

①組織が抱えている課題の把握と，組織の活動への展開ができているかどうか．
②組織の活動のうえで新たに必要になったルール，あるいは改訂されたルールが，それを知ってほしい人たちの間で知られているか．
③組織体制や人事に変更があった場合にも，EMSが適切に機能しているか．

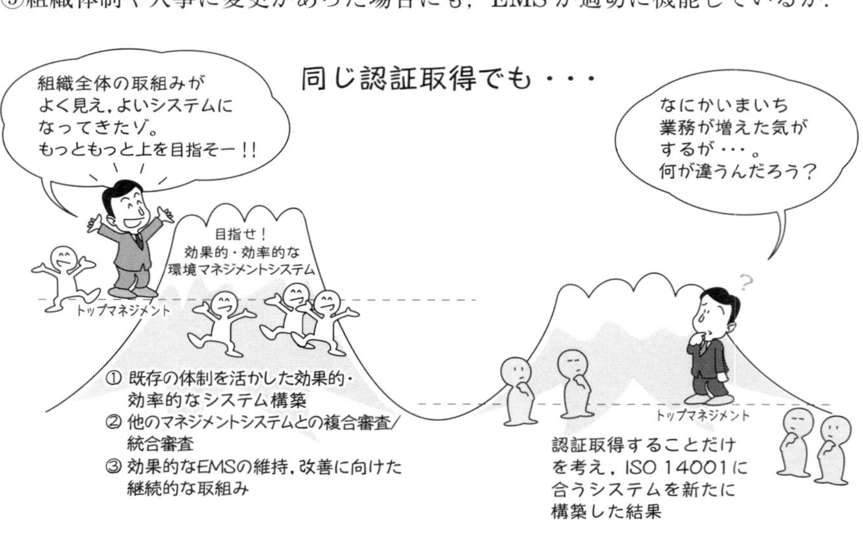

(8)　ISO 14001 認証を取得した組織に求められるもの

ISO のマネジメントシステム規格に基づく審査登録制度がその分野，件数ともに広がりを見せる一方で，時折，ISO 14001 や ISO 9001 の認証を取得した企業などでの不祥事が話題になることがあります．このような事態を受け，ISO だけでなく，ISO 14001 や ISO 9001 の認証や認定を行う機関などでは，いかにこれらの認証を取得した組織の信頼性を確保するかが議論されています．

ISO と前出の IAF とで認定機関に認定された審査登録機関から ISO 9001 や ISO 14001 の認証を取得した組織に求められる事項と，そのために審査登録機関が行うことが望ましいとされる事項に関するコミュニケが発行されています．

このコミュニケでは，ISO 14001 の認証を受けた組織に対し，定められた認証範囲について環境との相互作用を管理し，汚染の予防，法的及びその他の要求事項の順守，及び組織の環境パフォーマンスの改善を達成するための EMS の継続的な強化に対する組織のコミットメントを実証することが改めて求められています．また，組織の活動，提供する製品及びサービスにふさわしい EMS を構築し，実施し，さらに，ISO 14001 の要求事項に適合したうえで，それを実証できていることが求められる，としています．

ISO 14001 の認証が社会からの高い信頼を得るものであり続けるためには，本節で説明した審査登録制度が今後も適切に運用されていく必要がありますが，これに加えて，この制度によって認証を取得した組織において EMS への取組みが継続的に行われること，すなわち，それぞれの組織が規格の要求事項に適合した効果的な EMS を維持し，改善（強化）し続けることも，本認証への信頼を支える重要な要素なのです．

第4章　企業や団体はどう対応したらよいのか

4.1　環境マネジメントシステムを導入する前に

(1)　環境問題と自組織とのかかわりについて知る

ISO 14001が誕生した背景については，本書第1章のQ3や2.1節で説明しましたが，この国際規格誕生の最大の理由は，先進国を中心に人々の暮らしが豊かになり，大量生産・大量消費・大量廃棄によって，使用するエネルギーや資源の量や，それらの使用によって生じる環境汚染や廃棄物の発生が，地球が耐えられる限界を超えるまでになってしまったことです．1990年頃から人類は地球レベルでの環境問題の重大性に気付き，国連や各国政府，産業界，消費者に至るまで，環境問題の解決に向けて様々な取組みがなされてきましたが，残念ながら環境問題は解決に向かうどころか，ますます深刻になってきています．(詳しくは本書巻末の参考1を参照してください)．

自組織の活動や製品又はサービスと環境問題のかかわりを知り，今後の環境問題の深刻化によるさらなる規制強化や社会の見る目の変化などにどう備えるか，社会的責任をどのように果たしたらよいのか，そうしたことをしっかりと考えることが環境マネジメントシステム（EMS）導入の出発点です．

(2)　環境マネジメントシステムとは何かを知る

EMSとは何か，誰が何のために導入するのか，実際にどんなメリットがあるのか，といったことは第1章から第3章で説明してきました．

本書の読者は，EMSとは何か，本当に自組織に必要なのか，そして導入するためにはどうしたらよいのか，どれくらい大変なのか，といったことを知りたくて本書を手にしているのではないでしょうか．

一般に，組織においてEMSの導入を決断するのは経営層であると考えられます．経営層の立場であれば，規格の詳細な要求事項を知るより，EMSという考え方とその利点，PDCAサイクルによるマネジメントの仕組みとその有効性について理解することが重要です．

(3)　EMSを既に導入している組織の取組みと成果を知る

ISO 14001に基づくEMSを導入している組織は，2013年末時点において世界で約30万組織，日本国内でも約3万組織もあります．どのような組織が認証取得しているかは，(公財)日本適合性認定協会（JAB）のホームページで公開されており，検索が可能です．

自組織の同業者で導入済みの組織を探し，あればどのようなことを実施し，効果はどうかなど，業界団体の集まりなどの機会にコンタクトして聞いてみることもできるでしょう．組織によっては，自主的に環境報告書を発行して取組みの概要や成果を公表している組織もあります．

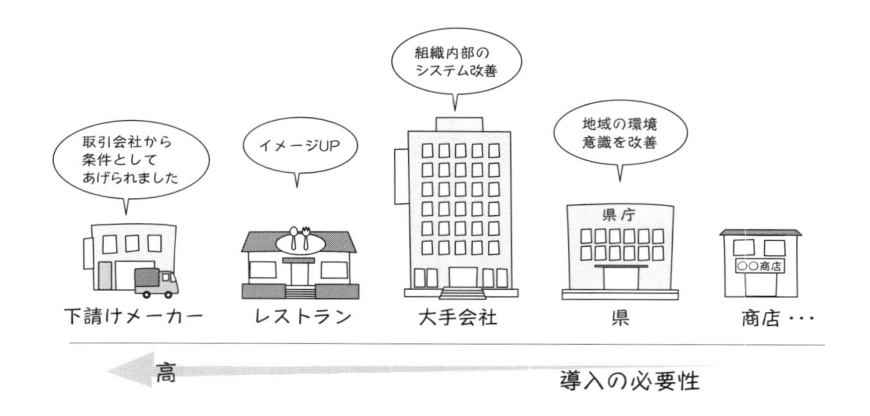

4.2 適切な導入のために

(1) EMSを導入する目的を明確にする

EMSの導入は，組織自ら決定する場合と，取引先などから要請されて導入する場合があるでしょう．自主的に導入を決める場合は，人と予算を投入するわけですから，EMS導入の目的は明確にされていると思います．ただ，ここで注意していただきたいのは，EMSの導入自体を目的とするのは間違っているということです．EMSは導入して終わりではなく，継続的に運用して改善を続けるための仕組みですから，EMSを導入してから目指す姿が本当の目的となるのです．

取引先からの要請などによって導入する，又は仕事の入札条件で有利になるから導入するという組織も多くあります．こうしたこともEMS導入の目的として構いませんが，仕方なくEMSを導入するという姿勢で取り組んだのでは，形だけで実を伴わない仕組みになりがちです．それでもEMSの認証を維持していくには，ある程度の人と資金を継続的に投入することになりますので，せっかくEMSを導入するなら，少しずつでも環境負荷を低減し，それによるコスト削減もねらったほうが得策でしょう．また，経営層の方は，せっかく人とお金をかけるのですから，EMSを単に取引先や入札へのパスポートとして使うだけでなく，コスト削減や従業員の意識向上で組織を元気にするなど，EMSを最大限活用するという姿勢で取り組むとよいでしょう．

(2) 経営層のリーダーシップと全員参加

ISO 14001:2015の序文では，EMSが成功するためには経営層のリーダーシップが最も重要であると力説されています．経営層が本気にならなければ，組織は動きません．一方で，経営層だけがEMSの重要性を力説しても，各部門の部長や課長といった中間管理職が無関心では，やはり一般従業員は動けません．経営層は自らリーダーシップを発揮するとともに，中間管理者層にもそれぞれの部門でリーダーシップを発揮するよう促し，支援し，評価することが必要です．経営層と管理者層がともに本気で取り組む姿勢を見せれば，従業員もやる気になるでしょう．EMS を効果的に運用し，成果を出して継続的に改善を続けるためには，経営者がリーダーシップを持続し，全員参加の取組みを維持し続けることが不可欠です．

(3)　自組織に適した EMS を目指す

ISO 14001:2015 は，世界中で，すべての業種及び規模の組織に適用できるものとして策定された規格です．しかし，当然ながら EMS の中で取り組む課題や環境目標の内容は，組織の業種や規模，地域などによって異なります．

EMS に必要なプロセス［3.2 節（2）参照］をどう構成するか，またどこまでを文書化した情報［3.2 節（10）参照］とするかは基本的に組織が決めることです．

規格の箇条に合わせてプロセスをつくる必要はありません．また，例えば“文書化した情報”など，規格で使われている用語を無理に組織の EMS で使う必要もありません．“文書化した情報”といわれても規格を知らない組織内の人には何のことかわからないでしょうし，組織の経営層もこのような言葉は使わないでしょう．したがって，組織内では従来どおり“文書”や“記録”といった言葉を使用すればよいのです．認証取得のための審査を行う審査員は，組織内で使用される言葉が，規格のどの用語に対応するか理解して審査をしなければなりません．EMS の適用においても，認証にあたっても，あくまで主役は組織であって，規格や審査員が主役ではないことをしっかりと認識し，自組織に合った，無理のない仕組みとすることが EMS 成功の鍵となります．

(4)　本業の活動の中に EMS を組み込む

第 3 章で述べたように，ISO 14001:2015 では，EMS の要求事項は“事業プロセス”（本業の仕組み）の中に統合して実施することが求められています．同じ業種の組織でも，組織ごとに“事業プロセス”が同じということはありえません．したがって，事業プロセスの中に EMS の要求事項を組み込めば，自然と自組織に適した EMS になるでしょう．

EMS を事業プロセスとは別物としてつくり，環境部門（又は事務局）だけが運用するような形にしてしまうと，取り組めることは限られてしまいます．

例えば，省エネ活動を例にあげると，事務局だけではせいぜい夜間・休日や昼休みの消灯の徹底を呼びかけたりする程度の活動にとどまり，生産プロセスでの設備見直しや運転方法の改善といった活動にまでは踏み込めないでしょう．これを実施することができるのは，生産プロセスの責任者だけです．

その他の業務部門でも，それぞれの本業に関する環境負荷の改善を進めることができるのは，それぞれの部門の責任者です．本当に成果を出し続けるEMSを実現するには，本業を担う人々が参加することが不可欠なのです．

(5)　情報システム（IT）の活用

スマートフォンや無線LANなど，最近の情報通信技術の急速な進歩と普及には目を見張るものがあります．ファミリーレストランでも店員さんは情報端末を使って注文を取ることが普通になりました．皆さんの職場でも，オフィスでは一人一台のパソコンとメールアドレスが割り当てられ，ほとんどの時間はパソコンに向かって仕事していることでしょう．

このような時代に，EMSやQMSなどのマネジメントシステムにいつまでも紙の文書が必要なはずがありません．今回の2015年改訂で“文書化した情報”というなじみのない用語が導入されたのは，マネジメントシステムの情報化が今後ともさらに進んでいくという見通しからであることは既に説明したとおりです．

このたびのISO 14001の2015年改訂は，ISO 14001の誕生以降初めての全面的な大改訂です．既にISO 14001を導入済みの組織では，改訂にあわせて大幅な文書の見直しが必要になるのではないかと心配している方もおられるでしょう．既に2004年版でISO 14001の認証を取得している場合には，今回の改訂に伴って設けられた3年間の移行期間の間に対応を行うことになるので，組織内の文書類の見直しをするのなら，この機会にこれらの文書を完全に電子化し，紙の文書や記録類を廃止することをお勧めします．また，これからISO 14001の認証を初めて取得しようとする組織では，最初からすべて情報システムとしてEMSを構築するとよいでしょう．イントラネットでは，音声や画像，さらには動画が自由に使えるようになってきました．新しい情報技術の積極的な採用で，EMS は一層有効な仕組みになっていくでしょう．

参考1　地球環境を守る

1.1　私たちの生活を脅かす環境問題

(1)　公害発生とその対策について

日本では1950年以降，産業活動が飛躍的に発展するに伴い，多くの人やその生活に悪影響を与える公害が次第に大きな社会問題となりました．明治時代に起こった足尾銅山の鉱毒事件のように環境汚染の問題は以前から存在していましたが，公害の原因となる業種が増え，その事業所も全国各地に広がったことから，効果ある対策の実施には国や地方自治体，関係する業界など，個別企業による取組みを超えて，社会全体での取組みが必要になりました．

このため，1971年に環境庁が発足し，公害問題への規制強化を中心に様々な対策が国をあげて実施されるようになりました．

公害問題には，“典型7公害”といわれる，①大気汚染，②水質汚濁，③土壌汚染，④騒音，⑤振動，⑥悪臭，⑦地盤沈下などの問題があります．典型7公害に対する国の規制が整備され，地方自治体ではさらに厳しい条例による規制や，事業所との間で“公害防止協定”を結ぶというような対策が進められました．こうした努力の結果，公害問題は1980年代に入る頃から次第に克服され，OECD（経済協力開発機構）[*6]から“日本は公害防止と経済成長を同時に達成した唯一の国だ”との評価を得るまでになりました．

(2)　大量生産・大量消費・大量廃棄の社会へ

世界的に人口増加と物的に豊かな暮らしを支える経済活動が発展する一方，グローバル化と呼ばれる国境を越えた物の移動が盛んになってきた結果，自然界や人間が築いたシステムの処理能力を超える発生物（CO_2，廃棄物など）が問題視されるようになり，ローマクラブ[*7]が発表した“成長の限界”ということが現実に意識されるようになってきました．電気やガスなど，エネルギーの使用に伴って排出される二酸化炭素（CO_2）が“地球温暖化（気候変動）”の原因となっているというようなことが一般市民にも知られるようになってきました．公害問題が主として特定の企業の事業所が原因となっていたことと違って，エネルギーは市民全員が使っているので，市民全員が問題の原因にかかわっているのです．社会全体が原因をつくり，その被害も社会全員にかかってくるという形の環境問題は人類が初めて経験するものでした．

このような新たな環境問題への対応を強化するため，環境庁は2001年に環境省へと改組されました．（参考表1及び参考表2参照）

[*6] OECD（経済協力開発機構）は，欧州と北米が協力して国際経済全般について協議することを目的に1961年に設立されました．その後他の地域の先進国にも加盟を呼びかけ，日本は1964年に加盟しました．2015年時点で加盟国は34か国に達しています．

[*7] ローマクラブは，1968年に世界の科学者，経済学者などが集まり，環境，人口問題などの地球的規模の課題により想定される人類の危機をいかに回避するかを探ることを目的として活動を開始した民間組織です．1972年に“成長の限界”を発表し，人口の増加，経済の拡大によって，資源の消費，土地の開発及び環境負荷の増大を招き，どこかで限界に突き当たるとの警鐘を鳴らしました．

参考表 1　年表　“環境関係の出来事”

年号	環境関係の出来事
1953	熊本県水俣沿岸で水俣病（有機水銀中毒）発生
1959	イタイイタイ病についての発表
1961	四日市市で喘息患者が多発
1965	新潟県阿賀野川で水俣病に似た患者多発
1967	公害対策基本法制定
1968	大気汚染防止法施行，騒音規制法施行
1971	環境庁発足，水質汚濁防止法施行
1972	ローマクラブ“成長の限界”発表
1976	イタリア・セベソ廃棄物移動事件
1984	国連“環境と開発に関する世界委員会”発足 インド・ボパール有毒ガス漏洩事故
1986	独・ライン河水銀汚染事故
1987	環境と開発に関する世界委員会“Our Common Future（我々共通の未来）”発表
1989	バルディーズ号原油流出事故
1992	環境と開発に関する国連会議（リオ・地球サミット） 気候変動に関する国際連合枠組条約（気候変動枠組条約）採択 生物多様性条約採択
1993	環境基本法公布・施行
1996	ISO 14001/14004 初版発行
1997	経団連“環境自主行動計画”策定 第 3 回気候変動枠組条約締約国会議で京都議定書採択
2000	循環型社会形成推進基本法公布・施行
2001	環境庁を改組し，環境省設置
2004	ISO 14001/14004 の 2004 年改訂版発行
2005	EU 廃電気電子機器指令（WEEE 指令）
2006	EU 特定有害物質使用制限指令（RoHS 指令）
2007	EU 化学物質の登録，評価，許可制限制度（REACH 規則）

2009	経団連“低炭素社会実行計画”策定
2010	ISO 26000（社会的責任に関する手引）発行
2011	東日本大震災・東京電力福島第一原子力発電所重大事故
2012	京都議定書最終年度
2015	ISO 14001/14000 の 2015 年改訂版発行

参考表 2　環境保全にかかわる主な国内の法律例

基本
環境基本法
環境影響評価
環境影響評価法（環境アセスメント法）
環境経営
国等による環境物品等の調達の推進等に関する法律（グリーン購入法）
国等による温室効果ガス等の排出の削減に配慮した契約の推進に関する法律（グリーン契約法）
環境教育等による環境保全の取組みの促進に関する法律（環境教育促進法）
環境情報の提供の促進等による特定事業者等の環境に配慮した事業活動の促進に関する法律
公害管理・公害犯罪
特定工場における公害防止組織の整備に関する法律（公害防止組織法）
人の健康に係る公害犯罪の処罰に関する法律（公害罪法）
公害紛争処理法
公害健康被害の補償等に関する法律
石綿の健康被害の救済に関する法律
大気汚染
大気汚染防止法
自動車から排出される窒素酸化物及び粒子状物質の特定地域における総量の削減等に関する特別措置法（排ガス抑制法）
水質関係
水質汚濁防止法
湖沼水質保全特別措置法
瀬戸内海環境保全特別措置法
海洋汚染及び海上災害の防止に関する法律

土壌汚染関係

土壌汚染防止法

農用地の土壌の汚染防止等に関する法律

騒音・振動関係

騒音規制法

振動規制法

地盤沈下関係

工業用水法

建築物用地下水の採取の規制に関する法律（ビル用水法）

悪臭関係

悪臭防止法

廃棄物処理

廃棄物の処理及び清掃に関する法律（廃棄物処理法）

特定有害廃棄物等の輸出入の規制に関する法律（バーゼル条約）

ポリ塩化ビフェニル廃棄物の適正な処理の推進に関する特別措置法

地球温暖化・オゾン層保護関係

地球温暖化の対策の推進に関する法律

特定物質の規制等によるオゾン層の保護に関する法律（オゾン層保護法）

フロン類の使用の合理化及び管理の適正化に関する法律（フロン排出抑制法）

資源の利用及びリサイクル関係

循環型社会形成促進基本法

資源の有効な利用の促進に関する法律（リサイクル法）

容器包装に係る分野収集及び再商品化の促進等に関する法律（容器包装リサイクル法）

特定家庭用機器再商品化法（家電リサイクル法）

建設工事に係る資材の再資源化等に関する法律

使用済自動車の再資源化等に関する法律

食品循環資源の再生利用等の促進に関する法律

バイオマス活用推進基本法

化学物質・労働安全衛生関係

化学物質の審査及び製造等の規制に関する法律（化審法）

特定化学物質の環境への排出量の把握等及び管理の改善の促進に関する法律［化管法（PRTR 法）］

有害物質を含有する家庭用品の規制に関する法律

ダイオキシン類対策特別措置法

自然保護関係
自然環境保全法
生物多様性基本法
地域における多様な主体の連携による生物の多様性の保全のための活動の促進等に関する法律
絶滅の恐れのある野生動植物の種の保存に関する法律
土地利用関係
工場立地法
エネルギー関係
エネルギー政策基本法
エネルギーの使用の合理化に関する法律（省エネ法）
新エネルギーの利用等の促進に関する特別措置法
電気事業者による再生可能エネルギー電気の調達に関する特別措置法

注：ここに掲載したものは国内の法律の一部であり，すべてを網羅しているものではありません．また，ISO 14001 で考慮すべき法律を記載したものでもありません．

1.2　環境保全意識の高まりと地球サミット

(1)　地球環境問題の認識（リオ・地球サミット）

1992 年，ブラジルのリオ・デ・ジャネイロで，“地球サミット”と呼ばれる国際会議が行われました．CO_2 の排出による地球温暖化のように，どこで排出されてもその影響が世界全体に及ぶ環境問題や，ある国の排出した汚染物質が国境を超えて他の国に影響を及ぼすといった，一国だけでは解決できない国際的な環境問題への関心が高まり，国連が主導して世界各国の指導者に参加を呼びかけて開催されたものです．

地球環境問題の背景には，人口増加や産業の発展が深く関与し，特に先進国と発展途上国の状況の相違に基づく利害関係の対立も見られます．すなわち，人口増加はないものの産業が既に発展し大量の環境負荷をもたらしている先進国と，人口増加する中で産業発展（注：結果的に環境負荷増大につながる）を求めている発展途上国との利害対立です．

こうした対立をなくすため，地球環境をこれ以上悪化させることなく，途上国も豊かになれるように，“持続可能な開発（Sustainable Development）”という考え方が先進国と途上国の双方で受け入れられ，人類の今後進むべき方向がはっきりとしてきました．

(2) 法規制と自主的対応（公害対策から環境対策へ，ISO への道）

地球環境問題や廃棄物処理・リサイクルの問題は，一般市民も含め社会全体が原因者であるとともに，被害者でもあり，従来のような規制的手段（排出基準の設定など）だけでは十分対応できない問題です．

そこで，一般市民を含め社会全体が省エネや省資源，廃棄物削減などに自主的に取り組む運動が広がっていくようになりました．また産業界に対しても，自主的に環境に配慮した活動を行うことがますます期待されるようになりました．

(社) 日本経済団体連合会（当時，2012 年より一般社団法人）は，1991 年に“経団連地球環境憲章”を公表し，“環境問題への取組みは人類共通の課題であり，企業の存在と活動に必須の要件であることを認識し，自主的，積極的に行動する”と宣言しました．ISO 14001 が発行された 1996 年には“経団連環境アピール　21 世紀への自主行動宣言”を公表し，ISO 14001 の仕組みに基づいて自主的に環境問題への対応を進めることを社会に約束しました．

“経団連環境自主行動計画”は，経団連に加盟する企業や業界団体が CO_2 や廃棄物の削減などに関して自主目標を設定して取組みを進め，その成果を毎年フォローアップして公表するというものです．CO_2 をはじめとして地球温暖化の原因となる物質の排出の削減を先進国に義務付けた“京都議定書”の目標をわが国が達成するために，経団連環境自主行動計画は大きな役割を果たし，その活動を支えた仕組みが ISO 14001 でした．

2012 年に京都議定書による義務が終了し，現在は 2020 年以降の国際的な地球温暖化対策の取組みについて国連の会合で議論が続いていますが，経団連では，早くも 2009 年に“低炭素社会実行計画”を進めることを表明し，2050 年まで見据えた自主的な活動を継続しています．

21 世紀を迎えた頃から，先に述べた“持続可能な開発”を実現していくには，環境問題への対応だけでなく，人権や労働問題，消費者の問題など多面的な取組みが必要なことが広く認識されるようになり，これらを総合した“社会的責任”という考え方が表れてきました．

2010 年には ISO で“社会的責任に関する手引”と題した国際規格 ISO 26000（JIS Z 26000）が発行されました．ISO 26000 では，社会的責任の具体的な内容として，七つの主題（①組織統治，②人権，③労働慣行，④環境，⑤公正な事業慣行，⑥消費者課題，⑦コミュニティへの参画及びコミュニティの発展）をあげており，その中の一つに“環境”が取り上げられています．ISO 26000 の 6.5（環境）では，環境に関する課題を次の四つのテーマに区分し，それぞれへの対応に関する基本的な指針を示しています．

・汚染の予防

・持続可能な資源の利用

・気候変動の緩和及び気候変動への適応

・環境保護，生物多様性，及び自然生息地の回復

これらの四つの課題は，ISO 14001:2015 の環境方針を策定するときに考慮することが求められています［3.2 節（5）参照］．上記の環境に関する各課題の内容については参考表 3 を参照してください．

参考表 3　ISO 26000:2010 における環境に関する課題とその概要[4)]

環境に関する課題	考慮事項
汚染の予防	・大気への排出 ・排水 ・廃棄物管理 ・有毒及び有害化学物質の使用及び廃棄 ・その他特定可能な汚染（騒音・悪臭・振動・感染因子など）
持続可能な資源の利用	・エネルギー効率 ・水の保全，水の利用及び水へのアクセス ・材料の使用効率 ・製品の資源所要量の最小限化
気候変動の緩和及び気候変動への適応	・気候変動の緩和（温室効果ガスの排出削減，吸収の増大） ・気候変動への適応
環境保護，生物多様性，及び自然生息地の回復	・生物多様性の評価及び保護 ・生態系サービスの評価，保護及び回復 ・土地及び天然資源の持続可能な使用 ・環境にやさしい都市開発及び地方・村落開発の推進

参考2　ISO 14000ファミリー規格一覧

（2015年10月現在）

SC	規格番号	規格名称*	ISO	JIS
SC 1	ISO 14001	環境マネジメントシステム—要求事項及び利用の手引（第3版）	15.9.15発行	15.11.20制定
	ISO 14004	環境マネジメントシステム—原則，システム及び支援技法の一般指針	04.11.15発行 改訂作業中 （FDIS前段階）	04.11.27制定
	ISO 14005	環境マネジメントシステム—環境パフォーマンス評価の利用を含む，環境マネジメントシステムの段階的実施の指針	10.12.15発行 定期見直し投票中	12.3.21制定
	ISO 14006	環境マネジメントシステム—エコデザインの導入のための指針	11.7.15発行	12.3.21制定
SC 2	ISO 14015	環境マネジメント—用地及び組織の環境アセスメント（EASO）	01.11.15発行	02.8.20制定
	ISO 19011	マネジメントシステム監査のための指針（第2版）	11.11.15発行	12.03.21制定
SC 3	ISO 14020	環境ラベル及び宣言— 一般原則	00.9.15発行 定期見直し中	00.08.20制定
	ISO 14021	環境ラベル及び宣言—自己宣言による環境主張（タイプⅡ環境ラベル表示）	99.09.15発行 11.12.13追補発行 改訂作業中 （FDIS段階）	00.08.20制定
	ISO 14024	環境ラベル及び宣言—タイプⅠ環境ラベル表示—原則及び手続	99.4.1発行 改訂作業中 （DIS段階）	00.8.20制定
	ISO 14025	環境ラベル及び宣言—タイプⅢ環境宣言—原則及び手順	06.6.30発行	08.6.20制定
	ISO 14026	環境ラベル及び宣言—環境フットプリント情報のコミュニケーション	開発中 （WD段階）	—
	ISO/TS 14027	環境ラベル及び宣言—商品種別算定基準（PCR）の作成	開発中 （WD段階）	—
SC 4	ISO 14031	環境マネジメント—環境パフォーマンス評価—指針（第2版）	13.7.25発行	00.10.20発行

	ISO/TS 14033	環境マネジメント—定量的環境情報—指針及び事例	12.3.5 発行 定期見直しの結果，改訂を決定	—
	ISO 14034	環境マネジメント—環境技術実証（ETV）	開発中 （DIS 段階）	—
SC 5	ISO 14040	環境マネジメント—ライフサイクルアセスメント—原則及び枠組み（第2版）	06.6.30 発行 定期見直し中	10.10.20 制定
	ISO 14044	環境マネジメント—ライフサイクルアセスメント—要求事項及び指針	06.6.30 発行 定期見直し中	10.10.20 制定
	ISO 14045	環境マネジメント—製品システムの環境効率評価—原則，要求事項及び指針	12.5.15 発行	JIS 化作業中
	ISO 14046	環境マネジメント—ウォーターフットプリント—原則，要求事項及び指針	14.8.1 発行	—
	ISO/TR 14073	環境マネジメント—ウォーターフットプリント—ISO 14046 活用のための事例集	開発中 （WD 段階）	—
	ISO/TR 14047	環境マネジメント—ライフサイクルアセスメント—インパクトアセスメントへの ISO 14044 への適用事例	12.6.1 発行	—
	ISO/TS 14048	環境マネジメント—ライフサイクルアセスメント—データ記述書式	02.4.1 発行	TS Q 0009 として発行 07.10.20 廃止
	ISO/TR 14049	環境マネジメント—ライフサイクルアセスメント—目的及び調査範囲の設定並びにインベントリ分析への ISO 14044 の適用事例（第 2 版）	12.6.1 発行	TR Q 0004 として発行 05.12.20 廃止
	ISO/TS 14071	ライフサイクルアセスメント—クリティカルレビューのプロセス及びレビューアーの力量—ISO 14044:2006 への追加要求事項及び指針	14.5.15 発行	—
	ISO/TS 14072	ライフサイクルアセスメント—組織のライフサイクルアセスメントに関する要求事項及び指針	14.12.15 発行	—

SC 7	ISO 14064-1	温室効果ガス—第1部：組織における温室効果ガスの排出量及び吸収量の定量化及び報告のための仕様並びに手引	06.3.1 発行 改訂作業中 （CD 段階）	10.5.20 制定
	ISO 14064-2	温室効果ガス—第2部：プロジェクトにおける温室効果ガスの排出量の削減又は吸収量の増加の定量化，モニタリング及び報告のための仕様並びに手引	06.3.1 発行 改訂作業中 （CD 段階）	11.3.22 制定
	ISO 14064-3	温室効果ガス—第3部：温室効果ガスに関する主張の妥当性確認及び検証の仕様並びに手引	06.3.1 発行 改訂作業中 （WD 段階）	11.3.22 制定
	ISO 14065	温室効果ガス—認定又は他の承認形式で使用するための温室効果ガスに関する妥当性確認及び検証を行う機関に対する要求事項	13.03.25 発行 改訂作業中 （WD 段階）	11.3.22 制定 JIS 改正作業中
	ISO 14066	温室効果ガス—温室効果ガスの妥当性確認チーム及び検証チームの力量に対する要求事項	11.4.7 発行	12.3.21 制定
	ISO/TS 14067	製品のカーボンフットプリント—算定及びコミュニケーションのための要求事項及び指針	13.5.21 発行	—
	ISO/TR 14069	温室効果ガス—組織の温室効果ガス排出量の定量化と報告—ISO 14064-1 の適用のための手引	13.4.18 発行	—
	ISO 14080	気候変動アクションにおける方法論のためのフレームワーク及び原則に関するガイダンス	開発中 （WD 段階）	—
WG 8	ISO 14051	マテリアルフローコスト会計— 一般的枠組み	11.9.15 発行	12.3.21 制定
	ISO 14052	マテリアルフローコスト会計—サプライチェーンにおける実践的導入の指針（仮訳）	開発中 （CD 段階）	—
WG 9	ISO 14055-1	土地劣化及び砂漠化防止—第1部：指針及び一般的枠組み（仮訳）	開発中 （CD 段階）	—
	ISO/TR 14055-2	土地劣化及び砂漠化防止—第2部：事例（仮訳）	開発中 （WD 段階）	—
WG 10	ISO/IEC XXXX（未定）	Environmentally conscious design—Principles, requirements and guidance（仮題）	開発中 （WD 段階）	—

TCG	ISO 14050	環境マネジメント―用語	09.2.9 発行 定期見直し中	12.3.21 制定
その他**	ISO/TR 14062	環境適合設計	02.11.1 発行 08.7 再公表	TR Q 0007 として発行 13.7.1 廃止
	ISO 14063	環境コミュニケーション	06.8.1 発行	07.6.20 制定
	ISO Guide 64	製品規格で環境課題を記述するための作成指針	08.8.27 発行 定期見直し中	14.1.20 制定

* 環境管理規格審議委員会訳

** これらの規格は，TC 207 に設置された作業グループ（WG）で作成され，規格発行後，WG は解散した．

＜ISO が発行している規格類＞

ISO/TC 207 が発行している規格類には，ISO 規格（IS）のほかに次のようなものがあります．

・TR（Technical Report：技術報告書）

・TS（Technical Specification：技術仕様書）

TR は，データ収集結果などの情報文書を記載しているものです．

TS は，① ISO 規格として発行したいが，そのために必要な合意に達しなかった場合

② 記載内容が技術開発中である場合

③ 将来的に ISO 規格になる可能性が高い内容の場合

に発行されるものです．

また，ISO 規格は，
WD（Working Draft：作業文書）→ CD（Committee Draft：委員会原案）→ DIS（Draft International Standard：国際規格案）→ FDIS（Final Draft International Standard：最終国際規格案）→ IS（International Standard：国際規格）
という流れを経て発行されます．

上記に加えて，PWI 段階は，新たに規格を作成又は改正するための新たな業務を行うことが提案されている段階（予備業務項目の段階）を示し，AWI 段階は規格の作成又は改正を行う新たな業務項目提案（NWIP）が承認された段階（新業務項目提案の承認）を示します．

なお，ISO 14000 ファミリー規格の最新開発状況は，日本規格協会ウェブサイトをご参照ください．

参考 3　各国の審査登録件数 *

（上位 20 か国，2015 年 9 月時点）

	国名	件数
1	中国	117 758
2	イタリア	27 178
3	日本	23 753
4	英国	16 685
5	スペイン	13 869
6	ルーマニア	9 302
7	フランス	8 306
8	ドイツ	7 708
9	米国	6 586
10	インド	6 446
11	チェコ	5 831
12	豪州	5 697
13	韓国	5 040
14	スウェーデン	3 990
15	コロンビア	3 453
16	タイ	3 286
17	ブラジル	3 222
18	スイス	2 952
19	オランダ	2 411
20	台湾	2 317
上位 20 か国の合計		275 790
世界の合計		324 148

* （ISO 調べ，“The ISO Survey of Certifications 2014” より）

参考 4　主な ISO 14001 認定機関一覧 **

（上位 20 か国，2015 年 9 月時点）

	国名	認定機関
1	中国	CNAS
2	イタリア	ACCREDIA
3	日本	JAB
4	英国	UKAS
5	スペイン	ENAC
6	ルーマニア	RENAR
7	フランス	COFRAC
8	ドイツ	DAkkS
9	米国	ANAB
10	インド	NABCB
11	チェコ	CAI
12	豪州	JAS-ANZ
13	韓国	KAB
14	スウェーデン	SWEDAC
15	コロンビア	ONAC
16	タイ	NSC
17	ブラジル	CGCRE
18	スイス	SAS
19	オランダ	RvA
20	台湾	TAF

** この表は参考 3 に示した ISO 14001 審査登録件数の上位 20 か国の各国認定機関をその順位順に示したもので，IAF（国際認定機関フォーラム）ウェブサイトより作成しています．

参考5　国内のISO 14001審査登録機関一覧

（2015年10月現在）

審査登録機関名（JAB認定）
一般財団法人 日本規格協会 審査登録事業部（JSA）
日本検査キューエイ株式会社（JICQA）
日本化学キューエイ株式会社（JCQA）
一般財団法人 日本ガス機器検査協会 QAセンター（JIA-QA Center）
一般財団法人 日本海事協会（ClassNK）
日本海事検定キューエイ株式会社（NKKKQA）
高圧ガス保安協会 ISO審査センター（KHK-ISO Center）
一般財団法人 日本科学技術連盟 ISO審査登録センター（JUSE-ISO Center）
一般財団法人 日本品質保証機構 マネジメントシステム部門（JQA）
SGSジャパン株式会社 認証サービス事業部（SGS）
一般財団法人 電気安全環境研究所 ISO登録センター（JET）
一般社団法人 日本能率協会 審査登録センター（JMAQA）
一般財団法人 建材試験センター ISO審査本部（JTCCM MS）
ロイド レジスター クオリティ アシュアランス リミテッド（LRQA）
一般財団法人 日本エルピーガス機器検査協会 ISO審査センター（LIA-AC）
一般財団法人 日本建築センター システム審査部（BCJ-SAR）
DNV GL ビジネス・アシュアランス・ジャパン株式会社（DNV）
一般財団法人 日本自動車研究所 認証センター（JARI-RB）
株式会社 日本環境認証機構（JACO）
一般財団法人 三重県環境保全事業団 国際規格審査登録センター（ISC）
公益財団法人 防衛調達基盤整備協会 システム審査センター（BSK）
株式会社 マネジメントシステム評価センター（MSA）
ペリー ジョンソン レジストラー インク（PJR）
一般財団法人 日本燃焼機器検査協会 マネジメントシステム認証センター（JHIA-MS）

一般財団法人 ベターリビング システム審査登録センター（BL-QE）
ドイツ品質システム認証株式会社（DQS Japan）
一般財団法人 発電設備技術検査協会 認証センター（JAPEIC-MS&PCC）
株式会社 国際規格認証機構（OISC）
国際システム審査株式会社（ISA）
エイエスアール株式会社（ASR）
BSI グループジャパン株式会社（BSI-J）
株式会社 トーマツ審査評価機構（Deloitte-TECO）
アイエムジェー審査登録センター株式会社（IMJ）
株式会社 ジェイ－ヴァック（J-VAC）
ビューローベリタスジャパン株式会社 システム認証事業本部（BV サーティフィケーション）
株式会社 ISO 審査登録機構（RB-ISO）
テュフ・ラインランド・ジャパン株式会社（TUV Rheinland Japan Ltd.）
北日本認証サービス株式会社（NJCS）
株式会社 日本審査機構（JAO）
AUDIX Registrars 株式会社（AUDIX）
インターテック・サーティフィケーション株式会社（Intertek）

参考6　ISO 14000 ファミリーの参考となるウェブサイト一覧

国内審議団体のウェブサイト

・(一財) 日本規格協会　http://www.jsa.or.jp/

・(一社) 産業環境管理協会　http://www.jemai.or.jp/

ISO 14001 の審査登録状況などを知るには

・(公財) 日本適合性認定協会　http://www.jab.or.jp/

ISO 14000 ファミリーの規格開発動向などを知るには

・(一財) 日本規格協会　http://www.jsa.or.jp/

ISO のウェブサイト（英語）

・ISO　http://www.iso.org/

政府機関のウェブサイト

・経済産業省　http://www.meti.go.jp/

・環境省　http://www.env.go.jp/

・日本工業標準調査会　http://www.jisc.go.jp/

その他（環境問題に関する情報サイト）

・(一社) 日本経済団体連合会・政策提言／調査報告　環境，エネルギー
http://www.keidanren.or.jp/policy/index07.html

・国立研究開発法人国立環境研究所　http://www.nies.go.jp/

・環境情報提供ネット（EIC ネット）　http://www.eic.or.jp/

引用・参考文献

1) JIS Q 17000:2005　適合性評価—用語及び一般原則
2) JIS Q 14001:2015　環境マネジメントシステム—要求事項及び利用の手引
3) 旧 JIS Q 14001:2004　環境マネジメントシステム—要求事項及び利用の手引(廃止)
4) JIS Z 26000:2012　社会的責任に関する手引
5) ISO/IEC 専門業務用指針，第一部　統合版 ISO 補足指針　附属書 SL　Appendix 2(第 6 版)，2015
6) 吉田敬史(2015)：効果の上がる ISO 14001:2015　実践のポイント，日本規格協会
7) 吉田敬史・奥野麻衣子(2015)：ISO 14001:2015(JIS Q 14001:2015) 要求事項の解説，日本規格協会
8) 吉田敬史・奥野麻衣子(2015)：ISO 14001:2015(JIS Q 14001:2015) 新旧規格の対照と解説，日本規格協会

索　引

【か　行】

【さ　行】

【た　行】

【な　行】

【は　行】

【ま　行】

【や　行】

【ら　行】